THE NEW
HUBER
MARION
OHIO

EINLEITUNG

Die Menschen haben so viele großartige Erfindungen und Entdeckungen auf unendlich vielen Gebieten gemacht, dass es unmöglich ist, sie nach ihrer Bedeutung einzuordnen. Eine eher wenig spektakuläre Erfindung, die das Leben und Arbeiten der Menschheit aber mit Sicherheit enorm verändert und erleichtert hat, ist der Traktor. Ohne ihn könnte die moderne Landwirtschaft nicht die Mengen an Nahrungsmitteln produzieren, die eine immer größer werdende Bevölkerung benötigt.

Natürlich war es ein langer und abenteuerlicher, oft auch steiniger Weg von den Anfängen bis zu den heutigen leistungsstarken High-Tech-Traktoren. Die frühen Dampfmaschinen waren schwer, teuer und erforderten große Geschicklichkeit und Erfahrung in der Bedienung – definitiv nur zugänglich für sehr reiche Bauern. 1885 erfand Nikolaus August Otto den Viertakt-Benzinmotor, der kleiner, kompakter und billiger war als die dampfbetriebenen Motoren.

Die ersten Benzintraktoren in Amerika wurden von John Carter (1889) und John Froelich (1892) gebaut, doch sie waren beinahe genauso groß und schwerfällig wie die Dampfmaschinen. In England baute 1901 Dan Albone einen kleinen leichten Benzintraktor, der aber kein großer Erfolg war. Über die nächsten 20 Jahre konzentrierte sich die Traktorenentwicklung in Amerika, dem Land der unendlichen Felder. Außerdem gab es in Amerika zu dieser Zeit bereits eine hoch entwickelte Industrie für Landwirtschaftsmaschinen, unter anderem die Firmen John Deere, Case, Oliver und Allis-Chalmers. Aber erst 1910 bearbeiteten die ersten kleinen Traktoren amerikanische Felder. Sie waren im Grunde Motorpflüge, die zwei Räder und einen Motor hatten und damit anstelle von Pferden die Zugarbeit verrichten konnten.

Kurz darauf kam der erste leichte Traktor mit vier Rädern heraus. 1914 baute International Harvester den kleinen 8-16 PS Mogul und 1915 den 10-20 PS Titan. Ungefähr zur gleichen Zeit etablierten sich auch J. I. Case und Allis-Chalmers.

Doch die entscheidenden Entwicklungen kamen nicht durch diese bereits etablierten Namen, sondern von jemand anders: Henry Ford, ein Bauernsohn, der mit seinem Model T den Automobilmarkt für die Massen zugänglich gemacht hat-

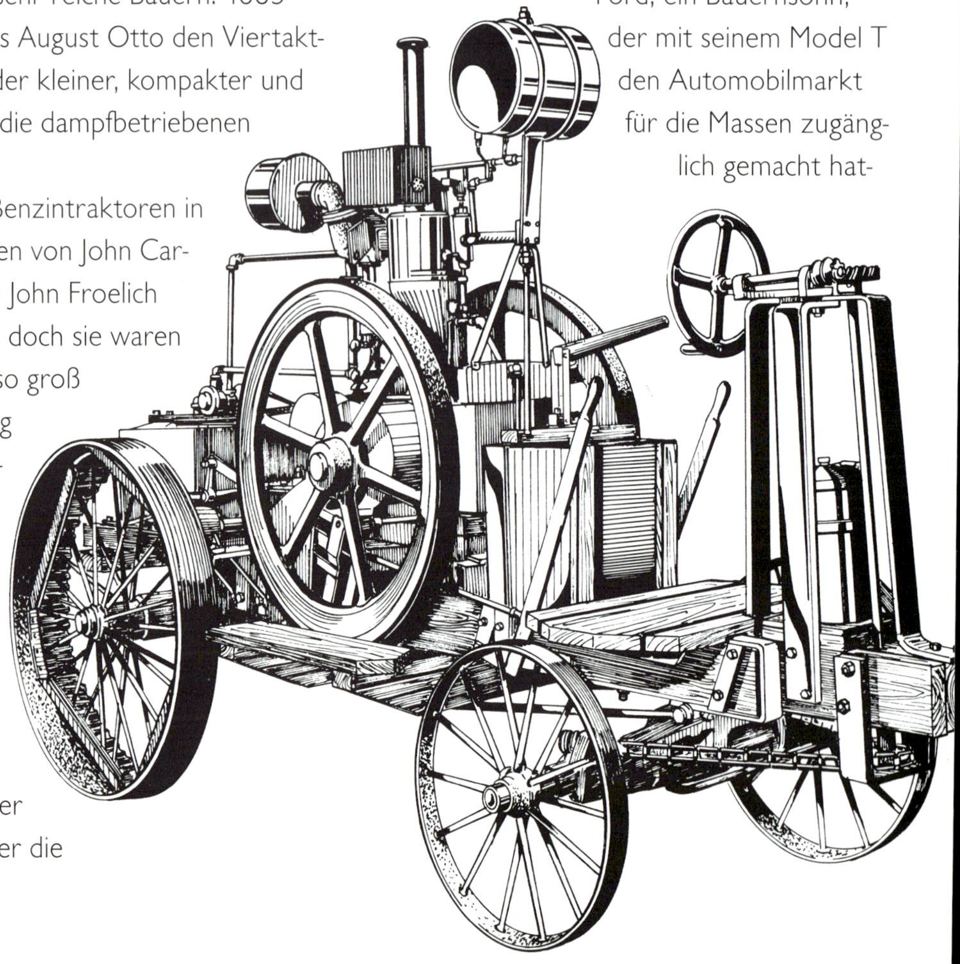

RECHTS
John Froelichs benzinbetriebener Traktor mit 16 PS von 1892.

te, träumte davon, das Gleiche für die Landwirte zu tun. 1917 brachte Ford den Fordson Model F auf den Markt. Der F gilt als der bedeutendste Traktor, der jemals gebaut wurde, und das nicht nur wegen seiner technischen Ausstattung, sondern vor allem wegen seines günstigen Preises. Er kostete weniger als die Hälfte von einem Motorpflug. Henry brachte seine Erfahrung aus der Massenproduktion von Autos ein und schaffte es, die Herstellungskosten auf ein Minimum zu reduzieren. Viele seiner 260 Mitbewerber konnten nicht mithalten und gaben auf.

Trotz des erfolgreichen Fordson und einem allgemeinen Einbruch im Traktorengeschäft Anfang der 20er-Jahre ging es mit einigen anderen Traktorenherstellern bergauf: John Deere war 1918 durch Aufkauf der Firma Waterloo ins Traktorengeschäft gekommen und ersetzte 1923 den Waterloo Boy durch Model D. Dieser Traktor hatte ebenfalls den horizontalen 2-Zylinder-Motor, der genau die Schleppkraft hatte, die viele Landwirte brauchten. Model D war so erfolgreich, dass er 40 Jahre lang gebaut wurde.

OBEN
Der OilPull von Advance-Rumely.

UNTEN
Der Mogul von International Harvester.

Der Farmall von International Harvester überlebte ebenfalls die Fordson-Ära. Wie sein Name schon sagte, war er ein Universaltraktor. Bis zum Farmall hatte man Traktoren in zwei Kategorien eingeteilt: die großen, schweren Schlepper und die leichten Traktoren für Reihenfruchtarbeiten. Doch die Bauern wollten einen Traktor für alle anfallenden Arbeiten, und der Farmall war die Antwort darauf. Schon bald zogen andere Hersteller mit dem Bau von Universaltraktoren nach.

Ungefähr 1930 erfüllten fast alle Traktoren entscheidende Anforderungen: Sie waren billig, praktisch, einfach und zuverlässig. Doch sie hatten auch alle einen entscheidenden Haken: die Stahlräder, die die Fortbewegung auf der Straße nur in Schrittgeschwindigkeit möglich machten. 1932 schaffte Allis-Chalmers hier den Durchbruch mit der Herstellung von Traktoren mit Luftbereifung. Die Herstellungskosten waren 150 US-$ höher, aber die Vorteile waren so überwältigend, dass innerhalb weniger Jahre die meisten neuen Traktoren mit Luftbereifung ausgestattet waren.

Doch es sollte noch besser kommen: Harry Ferguson, der während des Ersten Weltkrieges den Overtime-Traktor in Irland verkaufte, gehört ebenfalls zu den Pionieren des modernen Traktors. Er interessierte sich besonders für eine Verbesserung der Anhängerkupplung. Bei schlechten Bodenverhältnissen drückte die einfache Anhängerkupplung den Traktor hinten so stark nach unten, dass im schlimmsten Fall der Traktor kippen und der Fahrer dabei ums Leben kommen konnte. Außerdem war das An- und Abkoppeln von Arbeitsgeräten trotz modernster Hydraulik und motorisiertem Hubwerk sehr zeitaufwändig. Harry Fergusons Dreipunktkupplung löste alle Probleme: Durch die ausgefeilte Geometrie dieser Kupplung verteilte sich das Gewicht der Geräte auf die Hinterräder des Traktors und damit verbesserte sich die Bodenhaftung.

Die Dreipunktkupplung hatte außerdem eine Zugwiderstandsregelung. Ein komplettes Hydrauliksystem erleichterte das An- und Abkoppeln der Geräte. Damit war Fergusons Dreipunktkupplung gewiss einer der bedeutendsten Meilensteine in der Entwicklung von Traktoren.

Ferguson ging nach Amerika und stellte das neue System Henry Ford vor. Dieser baute 1939 den ersten Traktor mit Dreipunktkupplung: den Ford 9N, der genauso klein und leicht war wie der Fordson F, aber darüber hinaus durch die neuartige Kupplung die Arbeit von viel größeren Maschinen ausführen konnte. Er war ein Riesenerfolg.

Ende der 30er-Jahre kam der Oliver 70 auf den Markt, der im Gegensatz zu den meisten Konkurrenten einen relativ kleinen 6-Zylinder-Motor hatte. Der UDLX-Comforttractor von Minneapolis-Moline war nicht sehr erfolgreich, setzte aber Maßstäbe mit seiner Vollstahlkabine, die mit Heizung, Radio und verglasten Fenstern ausgestattet war.

Der Prototyp des Model T von Ford.

LINKS
Der Waterloo Boy von John Deere.

UNTEN
Der Fordson N.

Nach dem Zweiten Weltkrieg konzentrierten sich die Traktorenhersteller zunächst darauf, die lange vernachlässigte Nachfrage zu befriedigen. 1-Zylinder-Halbdiesel-Traktoren waren in Deutschland, Frankreich, Italien, Spanien und Ungarn gefragt. Dieser Trend hielt bis Ende der 50er-Jahre an.

Vor dem Zweiten Weltkrieg war Deutschland der Pionier in der Herstellung von Dieselmotoren gewesen, aber erst Ende der 40er-Jahre fingen amerikanische Firmen an, dieselbetriebene Maschinen zu bauen. 1949 brachte John Deere sein Model R auf den Markt, eine Dieselversion des klassischen John-Deere-2-Zylinder-Motors, aber mit 6,8 Liter Hubraum und 51 PS an der Zapfwelle. Nach und nach entwickelten andere amerikanische Hersteller ihre eigenen Dieselmotoren, boten aber bis Anfang der 70er-Jahre auch benzinbetriebene (und später autogasbetriebene) Traktoren an.

Die 50er-Jahre waren ein Jahrzehnt großen technischen Fortschrittes. Der WD45 von Allis-Chalmers beeindruckte 1953 mit zahlreichen Innovationen. Durch das Lastschaltgetriebe konnte die Spurbreite der Hinterräder angeglichen werden. Zwei Getriebe sorgten für dauernde Energieversorgung, so dass die Zapfwelle nicht aufhörte sich zu drehen, wenn man auskuppelte; es gab ein Hydrauliksystem, automatische Zugwiderstandsregelung und einen neu entwickelten 6-Zylinder-Dieselmotor.

Der nächste große Fortschritt fand in der Entwicklung des Getriebes statt. Bis dann hatten Traktoren Getriebe mit nur

Der Overtime N von John Deere.

Mehrere Model U von Allis-Chalmers beim Rennen.

einem Bereich mit drei, vier und seltener fünf Gängen. Man musste den Traktor anhalten und wieder neu anlassen, wenn man herunterschalten wollte, was natürlich besonders bei schlechten Bodenverhältnissen und schweren Anhängern die Arbeit enorm erschwerte. Der Drehmomentwandler von International Harvester brachte den Durchbruch: ein 2-Gang-Planetengetriebe kam zu dem Hauptgetriebe hinzu. Dies verdoppelte die zur Verfügung stehenden Übersetzungen, außerdem konnte man nun während der Fahrt herunterschalten.

In der Zwischenzeit hatte man auch die Motorenleistung der Traktoren verbessert. In den 60er-Jahren ging der Kampf um leistungsstarke Traktoren richtig los. Allis-Chalmers wäre fast auf der Strecke geblieben, hätte die Firma nicht den ersten Turbo-Diesel-Traktor der Welt hergestellt: Der D19 (1961) leistete 25 % mehr als Traktoren mit Standardmotor. Der Kampf um immer mehr PS führte dazu, dass der D19 schon nach wenigen Jahren im eigenen Haus vom D21 überrundet wurde. Anstelle des Turboladers hatte dieser einen größeren Hubraum und brachte es auf 103 PS. Auch Case zog mit und rüstete seinen Dieselmotor auf 7,4 l auf, um selbst einen 100 PS starken Traktor zu verkaufen. International baute den 1206er mit einem 5,9-l-Motor und Turbolader.

Doch die stärkeren Motoren brachten auch neue Probleme mit sich: Die ganze Leistung wurde lediglich auf zwei Räder übertragen. Allradantrieb war die Lösung Obwohl es weitere 10 Jahre dauerte, bis Allradantrieb Standard war, begannen einige Spezialhersteller sofort mit dem Bau von allradangetriebenen Traktoren. Die Steiger-Brüder aus Minnesota bauten ihren eigenen Großtraktor mit Allradantrieb, Knicklenkung und einem starken Dieselmotor. Steiger, Versatile, Big Bud, Wagner und andere spezialisierten sich auf Großtraktoren, die für den immer größer werdenden Weizengürtel des Mittleren Westens wie geschaffen waren. Mit Leistungen von über 300 PS und einem Gesamtgewicht von über 15 Tonnen bildeten diese Giganten eine neue Klasse in der Traktorenherstellung.

All diese Verbesserungen hatten bisher Sicherheit und Komfort des Fahrers völlig außer Acht gelassen. Die Fahrer waren erbarmungslos Hitze, Nässe und Kälte ausgesetzt. Die Bedienungselemente waren nicht gerade benutzerfreundlich. Erst Anfang der 70er-Jahre wurde ernsthaft über verbesserten Komfort und Sicherheit für Traktorfahrer nachgedacht. John Deere war führend in diesem Bereich und baute bereits seit 1966 Überrollschutz in seine Traktoren ein. 1972 brachte er die Sound-Gard-Kabine heraus, die neue Maßstäbe im Kabinenbau setzte; sie war schallisoliert und erlaubte dem Fahrer sehr gute Sicht.

RECHTS
Die Zeitschrift Caterpillar.

UNTEN
Der WD45 von Allis-Chalmers.

LINKS
Der Komfort King von Case.

Getriebe wurden in den 70er-Jahren ebenfalls weiterentwickelt; in erster Linie wurde die Anzahl der zur Verfügung stehenden Übersetzungen erhöht. Aus einem 10-Gang-Getriebe (5-Gang-Getriebe mit 2 Bereichen) wurde zunächst ein 12- und anschließend ein 16-Gang-Getriebe. 1973 brachte Allis-Chalmers die 7000er-Serie mit 20-Gang-Getrieben auf den Markt.

Bei den neuen Getrieben konnte man auch schneller die Fahrtrichtung wechseln. International brachte in den 70er-Jahren ein hydrostatisches Getriebe auf den Markt, das innerhalb eines Bereiches stufenlos regelbare Geschwindigkeiten ermöglichte.

Die großen Hersteller boten immer stärkere Hochleistungstraktoren an, um mit Steiger und Versatile zu konkurrieren. Die

UNTEN
Der Versatile 875.

50er-Serie von John Deere war ein typisches Beispiel dafür: Der V8 8850 mit 300 PS war der stärkste Traktor. Auch der Magnum von Case Ende der 80er-Jahre hatte über 200 PS.

Der Challenger von Caterpillar brachte 1986 die Lösung des Problems der mangelnden Bodenhaftung der PS-starken Traktoren: Das Raupenfahrzeug mit verstärkten Gummiketten ermöglichte eine relativ hohe Geschwindigkeit auf der Straße und gute Bodenhaftung im Feld. Case-International Harvester ging noch einen Schritt weiter und ersetzte die vier Räder des 9350er Hochleistungstraktors mit vier Gummiketten. Damit war der Quadtrac geboren.

Anfang der 90er-Jahre wurde klar, dass Leistung nicht mehr das einzige Kriterium war, sondern dass im immer stärkeren Konkurrenzkampf Wirtschaftlichkeit an Bedeutung gewann. Das Zeitalter der Elektronik brachte den Mikrochip, ohne den heute fast kein Traktor mehr auskommt und dessen Anwendungen unendlich sind: Das elektronische „Gehirn" des modernen Dieselmotors ermöglicht exakte zeitliche Steuerung der Einspritzung. Elektronische Getriebekontrolle ermöglicht Knopfbedienung ebenso wie eigenständige Übersetzungswahl des Getriebes und das Blockieren von einer Fehlwahl des Fahrers, womit Schäden verhindert werden. Das ultimative „denkende" Getriebe ist vollautomatisch, wobei die Elektronik dem Fahrer manche Entscheidung abnimmt. Im Grunde wird der Fahrer mit allen wichtigen Informationen versorgt, z. B. durch das Datatronic-System von Massey-Ferguson, das ein elektronisches Auge auf Treibstoffverbrauch, Radschlupf und bearbeitete Ackerfläche hat, um nur einige Beispiele zu nennen.

Eines jedoch ist ganz klar: Im 21. Jahrhundert mit knapper werdenden Rohstoffen und steigendem Umweltbewusstsein sind die Herausforderungen an die Traktorenhersteller größer denn je.

RECHTE SEITE
Der 4365 von Massey-Ferguson.

UNTEN
Der Challenger von Caterpillar.

4365
MASSEY FERGUSON

UNTEN UND RECHTE SEITE

Der OilPull war der klassische Advance-Rumely-Traktor mit seinem Schornstein auf dem ölgekühlten Kühler. Der Traktor verkaufte sich in verschiedenen Ausführungen bis Ende der 20er-Jahre.

ADVANCE-RUMELY

Advance-Rumely begann im 19. Jahrhundert mit dem Bau von Landwirtschaftsmaschinen, aber es ist ihnen nie gelungen, sich auf moderne, leichtgewichtige Traktoren umzustellen. Daher machte das Unternehmen Bankrott.

Dr. Edward Rumely baute einen Traktor mit Verbrennungsmotor, der die Dampftraktoren, die jahrzehntelang die Großfarmen in Amerika beherrschten, ersetzte.

Der mächtige OilPull kam 1910 auf den Markt. Er sah eher aus wie ein Dampftraktor und nicht wie ein benzinbetriebener.

Mit 25 PS an der Zugstange und 45 PS am Treibriemen war er für seine Zeit eine leistungsstarke Maschine und wog gigantische 11340 kg.

Der OilPull sollte von Anfang an mit Kerosin betrieben werden; ein billigerer, schwererer und weniger reiner Treibstoff als Benzin. Kerosin verbrennt aber bei höheren Temperaturen als Benzin und daher rüstete Rumely seinen neuen riesigen OilPull mit einem Kühlturm zwischen den Vorderrädern aus. Damit konnten die Temperaturen im Zylinder höher sein, ohne zu verbrennen, und gleichzeitig fror der Motor im Winter nicht ein. Kerosin führte oft zu Frühzündungen und daher wurde ein Secor-Higgins-Vergaser eingebaut.

Der OilPull war nicht gerade besonders wendig, aber er war sehr erfolgreich. Zu groß für normale Feldarbeit, bewies er sich bei den Dreschern als Hit. Der große 30-Liter-2-Zylinder-Motor lief ruhig, gleichmäßig und zuverlässig den ganzen Tag. Advance-Rumely hing an drei große E-Modelle einen extra angefertigten 50-scharigen Pflug. Damit konnten in vier Minuten 4 000 m^2 Acker umgepflügt werden. Der OilPull war ein außergewöhnlicher Traktor und war noch im Handel, als andere Monstertraktoren längst vom Markt verschwunden waren.

Es wurden auch kleinere Modelle wie das 12/14er-Model K produziert, aber in erster Linie kennt man Rumely-OilPulls wegen der großen Model-E-Traktoren, die zwischen 1910 und 1923 gebaut wurden. Als 30er/60er eingeschätzt, produzierte der Traktor tatsächlich 50 PS an der Zugstange und 75 PS am Treibriemen. 1924 wurden

alle OilPulls mit einem leichteren Fahrgestell aus Pressstahl, stärkerem Motor und einem 3-Gang-Getriebe ausgestattet.

Gegen Ende der 20er-Jahre verlangte der Markt kleinere, leichtere Traktoren, die mit Benzin oder Kerosin betrieben wurden. Rumely kaufte den Toro-Traktor und produzierte ihn unter dem Namen DoAll; zwischen 1928 und 1931 wurden nur 3 000 Stück hergestellt. Trotz seines 20-PS-Waukesha-4-Zylinder-Motors war er nicht erfolgreich und wurde für weniger als die Hälfte des original Listenpreises an Händler verkauft.

Advance-Rumelys letzter Versuch, einen konventionellen Traktor zu bauen, war der 6A. Mit seinem modernen Waukesha-8-Liter-6-Zylinder-Motor und 43 PS an der Zapfwelle war er völlig anders als der OilPull. Er hatte sogar ein bis dahin seltenes 6-Gang-Getriebe, verkaufte sich aber nicht wie erhofft.

Nach erfolglosen Exportversuchen nach Russland wurde die Firma 1931 von Allis-Chalmers aufgekauft.

Die Produktion von DoAll, 6A, OilPull und anderer bekannter Namen wurde sofort eingestellt.

Der DoAll war Advance-Rumelys Versuch, in den Markt für Kleintraktoren zu gelangen. Er wurde nur drei Jahre lang hergestellt.

AGCO

Während eines Jahrzehnts wurde AGCO zum größten Traktorhersteller in den USA, heute ist er wohl der größte der Welt. Wie kam es zu diesem Erfolg nach dem Rückgang von Traktorenverkäufen in den 80er-Jahren?

1985 kaufte Deutz Allis-Chalmers auf, legte die Allis-Traktorenfabrik still und exportierte eigene Traktoren unter der Marke Deutz-Allis in die USA. Anstatt selbst Traktoren in den USA herzustellen, wurde 1989 die Firma White beauftragt, Traktoren zu bauen und mit luftgekühlten Motoren von Deutz auszustatten. Nach einem Jahr kaufte das amerikanische Deutz-Allis-Management die US-Filiale der Firma auf und gründete AGCO.

Zuerst wurden weiterhin White-Traktoren mit Deutz-Motoren und US-Fahrgestellen unter dem Namen AGCO-Allis verkauft. Mittelgroße Deutz-Traktoren wurden importiert.

1991 expandierte AGCO durch den Aufkauf von Hesston Heumacher von FIAT und Whites Traktorenherstellung. 1992 wurde eine Serie von 15 Traktoren auf den Markt

Der AGCO-6690. Viele der frühen AGCOs kamen in der Allis-Chalmers-Farbe Orange auf den Markt und zeigten so die Ursprünge des Unternehmens.

880
ALLIS

AGCO-Allis 2WD 5670. Außer den leistungsstärkeren Traktoren mit Allradantrieb bot AGCO-Allis Traktoren mit Zweiradantrieb: den 4600er und den 5600er.

Ab 1994 hatten der AGCO-Allis 9435 und der 9455 ESC elektronische Systemsteuerung.

LINKE SEITE
Der AGCO 8630 wurde von SLH (SAME/Lamborghini/Hürlimann) in Italien für AGCO gebaut.

gebracht, 12 unter dem Namen AGCO-Allis und drei unter White.

Die 15 Traktoren wurden von SLH in Italien gebaut, der gleichen Firma, die auch SAME-, Lamborghini- und Hürlimann-Traktoren herstellte.

Die 4650er- und 4660er-Nutztraktoren mit SAME-luftgekühltem 3-Zylinder-Motor und jeweils 40 PS und 52 PS an der Zapf-

980
9650

welle waren die ersten Modelle einer neuen Serie. Der 6670er und 6680er (63/72 PS an der Zapfwelle) waren ähnlich, wurden [illegible] mit einem 12-Gang-Getriebe und einer [illegible] ausgestattet. Die größere 7600er-S[illegible] dem 7600er (89 PS) bis zu dem [illegible]er (128 PS) reichte, wurde mit einem 24-Gang-Getriebe ausgestattet. Der [illegible]0er hatte zusätzlich Vorderradantrieb und auf Wunsch 36 Gänge.

1993 wurde die White-9100er-Serie durch die leistungsstärkere 9600er-Serie ersetzt. Alle Traktoren dieser Serie hatten luftgekühlte Motoren. Sie reichte von dem 9630er (133 PS an der Zapfwelle) bis zum 9690er (9,6 l, Turbo-Ladeluftkühler-Motor mit 191 PS an der Zapfwelle). AGCO kaufte White-New Idea und die nordamerikanische Filiale von Massey-Ferguson auf. Im folgenden Jahr kauften sie den Rest von Massey-Ferguson, 1995 folgte McConnell, Hersteller großer Traktoren mit Vierradantrieb. Die Herstellung wurde in eine AGCO-Fabrik verlegt und die Traktoren wurden in AGCOStar umbenannt.

Bei dem 9635er (135 PS an der Zapfwelle) bis hin zum 9696er (195 PS) wurden die Deutz-Motoren allmählich mit Detroit-

LINKE SEITE
Der AGCO-Allis 9650: Diese Riesentraktoren hatten luftgekühlte Deutz-Dieselmotoren, welche ab 1996 durch Cummins- und Detroit-Dieselmotoren ersetzt wurden.

UNTEN
Ein AGCOStar mit Allradantrieb.

OBEN
Der AGCO-Allis 9650.

RECHTS
Der AGCO-Allis 8630.

Diesel-40-Motoren ersetzt. Gegen Ende der 90er-Jahre hatte AGCO Produktionsstätten in Großbritannien, Frankreich und Amerika. Die Maschinen für Reihenfruchtarbeiten (bis 225 PS) wurden unter AGCO-Allis und der White-Marke in Amerika hergestellt.

1999 erschien die 9755er-Serie mit vier Modellen von 160 bis 225 PS. Sie alle hatten den 300er-Turbo-Dieselmotor von AGCO-Allis.

2003 verkaufte ACGO seine Traktoren in 140 Ländern unter 18 verschiedenen Markennamen, zum Beispiel Fendt in Deutschland (seit 2000). Die Traktoren umfassen den 24-PS-Traktor der Kompaktklasse bis zu den 225 PS leistungsstarken AGCO-Allises und Whites.

Der Fendt-Vario bietet vollautomatisches Getriebe bei drei Modellen, dem 400er, 700er und 900er. Ältere Namen wie

AGCO ALLIS
8630

9690
AGCO ALLIS

Hesston, Gleaner und New Idea sind auch noch auf dem Markt. Challenger ist eine neue Marke; dies sind Standard-AGCO-/Allis-/White-Traktoren, Raupenfahrzeuge und Mähdrescher, die alle im Caterpillar-Gelb hergestellt und von Caterpillar vertrieben werden.

Trotz des Riesenerfolges spürte auch AGCO die wirtschaftlichen Schwankungen und legte am Anfang des neuen Jahrtausends zwei seiner US-Produktionsstätten still. Es war auch geplant, die Massey-Ferguson-Fabrik in England innerhalb eines Jahres stillzulegen.

LINKS
Der AGCO-Allis 9690.

UNTEN
Der AGCO-Allis 9815.

Der riesige Allis-Chalmers A ersetzte den E. Aber als er Anfang der 30er-Jahre auf den Markt kam, sah er bereits veraltet aus.

ALLIS-CHALMERS

Obwohl Allis-Chalmers in den 70er-Jahren zu den Top Ten der US-Traktorenhersteller gehörte, war die Firma nie wirklich ernsthafte Konkurrenz zu John Deere oder Fordson. Guter und solider Maschinenbau und ein paar technologische Innovationen verhalfen ihnen aber zu einem Platz unter den Erfolgreichen ihrer Branche.

Im Gegensatz zu allen großen Konkurrenten entwickelte sich Allis-Chalmers nicht aus der Landwirtschaft, sondern aus dem industriellen Maschinenbau. Erst 1913 begann die Firma mit dem Bau von Traktoren. Allis-Chalmers entwickelte sich zu einem Unternehmen, dessen Produktpalette von Luftkompressoren bis hin zu Röntgengeräten reichte.

Die Anfänge des Unternehmens gehen bis in die 1860er-Jahre zurück, als Edward

P. Allis die Bankrott gegangenen Reliance Works in Milwaukee für nur 22,72 US-$ aufkaufte!

Das Unternehmen wuchs und gedieh und baute weiterhin Sägemühlen und Bauteile für Mehlmühlen. Nach ein paar Jahren zog Allis-Chalmers in die West-Allis-Werke um, wo bis 1985 Traktoren gebaut wurden. Im Jahre 1869 kaufte Allis seinen größten Konkurrenten, die Bay State Iron Manufacturing Co., auf. Das Allis-Unternehmen wuchs, abgesehen von einer kurzen Krise 1876, immer weiter und baute Dampfmaschinen und Pumpen. Gegen Ende des Jahrhunderts war das Unternehmen Amerikas größter Dampfmaschinenhersteller. Unter der Führung von Edwin Reynolds fusionierte das Unternehmen mit Fraser & Chalmers, einem Hersteller von Bergbaumaschinen, und nannte sich ab 1901 Allis-Chalmers.

Doch bald darauf ging es mit der Firma bergab und 1912 war das Unternehmen kurz vor dem Bankrott. Unter den Konkursverwaltern war General Otto Falk, der

Der D15 war eine stärkere Version des 3-Pflug-D14 von 1957. Er war Allis-Chalmers mittelgroßer Traktor und lag zwischen dem D12er und dem D17er.

Allis-Chalmers baute auch Raupenfahrzeuge, nachdem die Firma 1928 Monarch aufgekauft hatte. Das Modell K auf der Abbildung gab es mit Benzin- oder Ölmotor.

fast 20 Jahre lang Präsident der neuen Allis-Chalmers Manufacturing Co. sein würde. Er rettete das Unternehmen unter anderem mit dem Einstieg in den Traktorenmarkt. Falk besaß eine Farm in Waukesha und sah Wachstumsmärkte für benzin- und kerosinbetriebene Traktoren, die leichter und kompakter waren als die riesigen dampfbetriebenen Traktoren. Henry Fords Fordson war noch nicht auf dem Markt, aber er hatte mit seinem Model-T-Automobil die Vorteile von benzinbetriebenem Transport bereits bewiesen.

Allis-Chalmers experimentierte mit einer in der Schweiz entworfenen rotierenden Ackerfräse für Monokulturanbau; ein 3-rädriges Fahrzeug, das 2 041 kg wog und von einem 30-PS-Motor angetrieben wurde; die Idee wurde schnell wieder aufgegeben.

Darauf folgte ein riesiger Halb-Lastwagen, eine Mischung aus Traktor und Lastwagen, der angeblich 30 Tonnen Ladung über unebenes Terrain befördern konnte.

Der dritte Versuch, Model 10-18, war ein einfacher 3-rädriger Traktor mit einem 5-Liter-2-Zylinder-Motor, der ab 1914 gebaut wurde. Auch wenn er kein großer Erfolg war, führte er das Unternehmen zumindest in die richtige Richtung. Das nächste Modell, der kleine 6-12er, war ein Motorpflug mit einem 4-Zylinder-Motor, der sich direkt über den Vorderrädern befand und damit die Zugleistung verbesserte. Motorpflüge konnten direkt an Pferdepflüge angehängt werden und waren billiger als herkömmliche Traktoren (mit Ausnahme

des Fordson). 1918 kostete der 6-12er 850 US-$ mehr als der brandneue Fordson F, ein echter Vierrad-Traktor. In acht Jahren wurden weniger als 2 000 Stück des 6-12ers hergestellt.

Der erste „echte" Traktor war der 15-30er mit vier Rädern und einem 7,5-Liter-4-Zylinder-Motor, der von Allis-Chalmers gebaut wurde. Im Vergleich zum Fordson war der 15-30er ein Schwergewicht mit 2 722 kg und kostete über 2.000 US-$.

Der neue Allis-Chalmers-Traktor hatte 18 PS an der Zugstange, 3 PS mehr, als das Unternehmen angab, und damit erfüllte der Traktor mehr als die Erwartungen der Landwirte.

Der neu benannte 18-30er war noch zu schwer und zu teuer, leichtere mittelgroße Traktoren verkauften sich besser und Allis-Chalmers brachte den 12-20er (später 15-25er) mit einem 4,6-Liter-Midwest-Motor auf den Markt. Wegen höherer Leistung wurde der 18-20er in 20-35er umbenannt. Beide Allis-Chalmers-Modelle waren solide, gut gebaute Traktoren, aber zu teuer; daher verkauften sie sich nicht besonders gut.

Harry Merrit wurde von Falk zum Chef der Traktorenabteilung ernannt. Er senkte sofort den Preis des 20-35ers von 2.000 US-$ auf 1.885 US-$. Ein Jahr später (1927) wurde er auf 1.495 US-$ runtergesetzt und ein Jahr später um weitere 200 US-$ verbilligt; 1934 kostete ein brandneuer 20-35er 970 US-$.

Der E, wie er nun hieß, verkaufte sich in 20 Jahren über 19 000-mal.

Der Allis-Chalmers G mit Motor hinten war für Kleinbauern für Gemüseanbau konzipiert.

Der Allis-Chalmers RC war eine Kombination aus dem WC-Fahrgestell und dem Motor des Model B. Er war nur kurzzeitig auf dem Markt.

Model E war ein schwerer 4-Pflug-Traktor. Und die kleineren 2- bis 3-Pflug-Maschinen verkauften sich besser. Chalmers große Chance kam, als Henry Ford beschloss, sich aus der amerikanischen Traktorenherstellung zurückzuziehen und sich eine Gruppe von Fordson-Händlern zur United Tractor and Equipment Distributor's Association zusammenschlossen. Sie beauftragten Allis-Chalmers, für sie einen 3-Pflug-Traktor zu entwerfen. Daraufhin enstand Model U, der ab 1929 als United Model U und auch als Allis-Chalmers Model U verkauft wurde. Er war wesentlich leichter und moderner als Model E, aber der Durchbruch kam erst 1932, als er mit Luftbereifung ausgestattet wurde.

Dies war ein Meilenstein in der Traktorenentwicklung; vor allem vergrößerte sich dadurch die Straßengeschwindigkeit auf bis zu 24 km/h, die Model U mit seiner hohen Übersetzung im vierten Gang erzielte.

Bei einem von Chalmers organisierten Traktorenrennen erreichte ein Traktor die Rekordgeschwindigkeit von 109,2 km/h. Innerhalb weniger Jahre waren fast alle US-Traktoren mit Luftreifen ausgestattet.

1931 kaufte Allis-Chalmers den Advance-Rumely-Konzern auf. Das Unternehmensprofil hatte sich stark verbessert und so wurde der WC, ein 2-Pflug-Traktor, auf den Markt gebracht. Der leichtgewichtige WC mit 1 452 kg und einem Preis von 625 US-$ verkaufte sich bis 1948 gut.

In den 30er-Jahren kam das Model A, ein verbessertes Model E, mit einem großen 4-Zylinder-Motor auf den Markt, um große Dreschmaschinen zu ziehen. Die ersten motorbetriebenen Mähdrescher waren aber bereits auf dem Markt und daher war

dieser Traktor nicht so erfolgreich. Das Model B, eine ultraleichte 14-PS-Maschine für 495 US-$ Neupreis, hatte bessere Marktchancen.

Tausende von Landwirten konnten sich diesen von Industriedesigner Brooks Stevens entworfenen, gestylten und modernen Traktor leisten. Von dem leistungsstärkeren Model C verkauften sich in 10 Jahren 84 000 Stück.

Während des Zweiten Weltkrieges erfüllte das Unternehmen Regierungsaufträge und experimentierte mit einem Personen-Raupenfahrzeug und Energiezellen. 1948 wurde der WC durch den verbesserten WD ersetzt: Eine zweite Kupplung ermöglichte eine dauerbetriebene Zapfwelle und Hydraulik; außerdem konnte man mithilfe des Motors die Spurweite der Hinterräder einstellen.

Ein Meilenstein: Obwohl die Luftbereifung beim Allis-Chalmers Model U teuer war, brachte sie Riesengewinne.

Der Allis-Chalmers WD repräsentierte einen großen Schritt nach vorne, er hatte eine Zapfwelle und Hydraulik.

Im gleichen Jahr wurde das Model G angekündigt. Ein kleiner, leichtgewichtiger Traktor mit einem 10-PS-Continental-Motor, der hinten eingebaut war. In sieben Jahren wurden über 30 000 Stück gebaut.

Der C-Traktor wurde mit allen WD-Neuheiten ausgestattet und als CA auf den Markt gebracht. 1953 wurde die Leistung des WDs um 25 % verstärkt und ein Jahr später wurde er mit dem Allis-Chalmers-Dieselmotor ausgestattet. Damit wurde der WD von einer 2-scharigen zu einer 4-scharigen Pflugmaschine. Der WD45 hatte eine Vorrichtung, mit der der Fahrer vom Sitz aus Anbaugeräte befestigen konnte. Trotz vieler Neuerungen war der WD nur eine aktuellere Version des Vorkriegs-WCs. Innerhalb von zwei Jahren erneuerte Allis-Chalmers seine gesamte Reihe. 1957 ersetzte die D-Serie den WD: der 2-scharige D14 und der 4-/5-scharige D17 kamen auf den Markt. Alle Traktoren bekamen neue Motoren und den neuen Power Director, ein Schritt in die Richtung zum Mehrschaltgetriebe, mit dem während der Fahrt zwischen zwei Übersetzungen und acht Vorwärtsgängen umgeschaltet werden konnte.

Schließlich wurden der D14 und der D17 mit der Dreipunktkupplung von Ferguson ausgestattet; diese war inzwischen Industriestandard.

Zu dem D14/17 kamen der D10 und D12, jeweils 1- und 2-scharig und mit unter-

schiedlicher Reifenbreite. Beide waren mit einer 2,3-Liter-Version des D14-Benzinmotors ausgestattet.

1959 brachte Allis-Chalmers den D12 mit einem 15-kW-Elektromotor auf den Markt. Der D12 war leise und umweltfreundlich, wog aber 75 % mehr als der Standardtraktor und erbrachte viel weniger Leistung.

1960 war Allis-Chalmers' stärkster Traktor der 46-PS-D14. Der 60 PS starke D18 sollte 1961 auf den Markt kommen, aber Traktoren von John Deere und Ford waren bereits wesentlich leistungsstärker. Der D18 wurde zum D19 und wurde mit einem 71-PS-Benzinmotor oder einem Turbolader-Dieselmotor ausgestattet. Der Allis D19 war der erste Turbo-Diesel-Traktor der Welt mit 62 PS an der Zugstange und 67 PS an der Zapfwelle. Der Turbolader verstärkte den 4,3-Liter-6-Zylinder-Dieselmotor um 25 % und damit ging Allis-Chalmers in die Geschichtsbücher ein. Zwei Jahre später kam die erste 100-PS-Maschine, der D21, auf den Markt. Anstelle eines Turbos hatte dieser Traktor einen 7-Liter-Diesel-

Der Allis-Chalmers One-Ninety.

motor mit Direkteinspritzung, der von Allis-Chalmers gebaut wurde.

Im Laufe der 60er-Jahre wurde die D-Serie von der 100er-Serie mit dem kantigen Design ersetzt. Die größeren Traktoren wurden mit einer neuen Motorengeneration ausgestattet – Diesel, Benzin und Autogas – und der neue non-Turbo One-Ninety ersetzte den D19. Um die Leistung zu verbessern, wurde der One-Ninety mit einem Turbolader ausgestattet und kam als 93-PS-One-Ninety-XT auf den Markt. Dieser Traktor konnte bis zu 120 PS erreichen und wurde der erfolgreichste Allis-Traktor der 100er-Serie.

Der D17 wurde durch den One-Seventy und One-Eighty ersetzt; beide hatten verbesserte Kabinen, die dem Fahrer mehr Sicherheit gaben.

Der neue 200er-Traktor, der den 190XT ersetzte, war der erste Allis-Chalmers-Traktor mit Überrollschutz.

Der One-Seventy-Dieseltraktor wurde mit einem englischen Perkins-3,9-Liter-Motor ausgestattet, während der One-Eighty mit einem 64-PS-4,9-Liter-US-Motor ausgestattet wurde. Der 160er von Renault wurde aus Frankreich importiert, er war allerdings mit ein paar Allis-Chalmers-Bauteilen ausgestattet.

1973 kam das 7000-Power-Squadron-Modell auf den Markt. Alle Traktoren waren mit Allis-Chalmers-7-Liter-Dieselmotoren ausgestattet, die zum ersten Mal 1965 im D21 verwendet worden waren. Den Traktor gab es in der 130-PS-Turboversion und der 156-PS-Turbolader-Luftkühler-Version. Das Power-Director-Getriebe wurde auf 20 Gänge aufgerüstet und die 7000er-Serie wurde mit Acoustacab-Kabine ausgestattet. Später kam ein volles Power-Shift-Getriebe hinzu und kleine Leistungssteigerungen wurden ebenfalls gemacht.

1975 kam der etwas leistungsschwächere 7000er mit 106 PS und 12-Gang-Getriebe als Nachfolger des 200er auf den Markt. Zwischen 1975 und 1981 kam der 7080er mit Turbo und Ladeluftkühler und mit höhe-

Der Allis-Chalmers 6080 hatte einen FIAT-Motor, wie alle Traktoren der 6000er-Serie.

rer Leistung als der 7060er (2 550 U/min gegenüber 2 300 U/min) und 181 PS an der Zapfwelle auf den Markt. Der 7580er hatte Vierradantrieb und wurde bald durch den viel größeren 8550er ersetzt. Dieser Traktor wurde mit einem 14-Liter-Raupenfahrzeugmotor ausgestattet – dies war Allis-Chalmers' erster Großtraktor.

Für die kleineren Traktoren importierte Allis-Chalmers Bauteile von FIAT. Der 5040er, der zwischen 1975 und 1981 gebaut wurde, hatte einen FIAT-3-Zylinder-Dieselmotor (2,3 l) und ein 6-Gang-Getriebe; der 5045er und 5050er hatten leistungsstärkere Motoren. Später wurden diese Traktoren durch die 6000er-Serie ersetzt.

1982 wurde die 7000er-Serie durch die 8000er-Serie ersetzt, der Bau des 8550-Großtraktors wurde eingestellt. Anstelle des 8550er kamen der 4W220 und 4W305.

Die 8000er-Serie hatte einen ähnlichen Motor und ein Getriebe wie die 7000er-Serie, aber eine größere Kabine und auf Wunsch Vorderradantrieb.

Die Serie bestand aus dem 8010er, 8030er, 8050er und 8070er und alle waren mit dem zuverlässigen Allis-Chalmers-7-Liter-Dieselmotor ausgestattet. Der beste Traktor der 8070er-Reihe war mit Turbo, Ladeluftkühler und ölgekühlten Kolben ausgestattet – damit hatte er eine Leistung von 170 PS an der Zapfwelle bei 2 400 U/min.

Der Niedergang der US-Landwirtschaft Anfang der 80er-Jahre führte schließlich zum Verkauf von Allis-Chalmers' Abteilung für Landwirtschaftsmaschinen an Deutz in Deutschland. 1985 machte Allis-Chalmers endgültig zu und alle auf Lager befindlichen Traktoren wurden in Deutz-Allis umbenannt.

1982 ersetzte der 8000er den 7000er. Man erkennt ihn an der nach hinten abfallenden Motorhaube. Die Hauptverbesserungen waren eine größere Kabine und zuschaltbarer Vorderradantrieb.

Avery baute einige kleinere Traktoren wie diesen 12-25er, den kleinen 2-Zylinder-8-16er und den 5-10er.

AVERY

Robert und Cyrus Avery brachten 1909 ihren ersten Traktor, den Farm & City, auf den Markt. Er war eher ein Lastwagen und hatte 2 722 kg Zugkraft und runde Holzstöpsel in den Rädern, um die Bodenhaftung zu verbessern. Der 1-Zylinder-Motor mit 305 mm Bohrung, 457 mm Hub und viel versprechenden 65 PS entsprach jedoch nicht den Erwartungen und wurde durch den 2-Zylin-

der-20-35er ersetzt. Bei diesem Traktor bewegte sich beim Schalten der gesamte Motor und Kühler nach hinten und nach vorne.

Eine ganze Serie neuer Maschinen wurde auf den Markt gebracht: ein Motorpflug, der kleine 2-Zylinder-8-16er und riesige Maschinen wie der 40-80er, der 9 979 kg wog und 3 900 kg Zugkraft an der Zugstange hatte. Sein Motor hatte die gleiche Bohrung und Hub wie der 20-35er, hatte aber vier Zylinder. 1916 ersetzte Avery den 18-20er durch den 20-30er, baute den 25-50er und einen kleinen 5-10er in den 20er-Jahren, um mit Fordson zu konkurrieren. Zu viele verschiedene Modelle auf dem Markt schadeten Avery und das Unternehmen ging 1924 Bankrott. Nach kurzem Wiederaufleben fiel das Unternehmen 1931 der Wirtschaftskrise zum Opfer.

Noch gab das Unternehmen nicht auf und brachte den Ro-Track auf den Markt, ein 2-Pflug-Traktor mit einem 6-Zylinder-Hercules-Motor. Besonders auffällig waren die sich drehenden Achselschenkelbolzen, mit denen die Spurweite der Vorderräder schnell geändert werden konnte.

Während des Krieges wurde die Produktion gestoppt und danach nie wieder aufgenommen.

Der 40-80er war der größte Avery-Traktor mit einem Gewicht von 9 979 kg.

BELARUS

Vor dem politischen Zusammenbruch war die Sowjetunion der größte Traktorenhersteller der Welt. Laut Stuart Gibbard, einem Experten für Traktorengeschichte, werden in den ehemaligen Ostblockländern mehr Traktoren gebaut als in allen anderen Ländern; die riesige Fabrik in Minsk ist die größte der Welt.

Ab 1924 wurde eine Version des Fordson in Leningrad hergestellt und ein Unternehmen in Stalingrad produzierte den STZ 15-30, eine Version des International 15-30er. Die meisten russischen Traktoren wurden unter dem Namen Belarus exportiert.

Der erste komplett in Russland entworfene Traktor war ein Raupenfahrzeug, der STZ3, der 1937 in Stalingrad gebaut wurde. Einige der Bauteile basierten auf westlichem Design, wie z. B. das Caterpillar-Getriebe, die Krupp-Federung und die Vickers-Ketten. Während des Zweiten Weltkrieges wurde dieser erfolgreiche Traktor als Artilleriefahrzeug verwendet, der STZ5 wurde schon vor dem Krieg an die Rote Armee ausgeliefert. 1949 wurde er verbessert und

Die russische Firma Belarus baute später modern aussehende Traktoren wie diesen 5380er.

kam als DT54 auf den Markt. Ab 1957 konnte auf Wunsch Hydraulik eingebaut werden. 1963 wurde er durch den DT75 ersetzt. Dieser Traktor mit seinem 6,3-Liter-4-Zylinder-Dieselmotor mit Direkteinspritzung ist noch heute in einer aktualisierten Version auf dem Markt. Er wurde einige Jahre lang nach England exportiert, wo oftmals eine britische Kabine montiert wurde.

1996 wurde ein neues Raupenfahrzeug mit einem 4-Zylinder-Turbo-Diesel-Motor und 120 PS an der Zugstange und 150 PS an der Zapfwelle herausgebracht. Dieses Fahrzeug gibt es mit Gummi- und Stahlketten; beim VT-100 kann man diese in weniger als zwei Stunden auswechseln.

Ende der 90er-Jahre kam zu den Vierradantriebs-Traktoren der 90-PS-862er und der 130-PS-1221er. Die aktuellen MTZ-Belarus-Modelle reichen von den 6-12-PS-Minitraktoren über 20-35-PS-Kleintraktoren bis zu den 50-130-PS-Standardtraktoren.

Allradantrieb und ein leistungsstarker Turbo-Diesel-Motor zeichneten diesen 1500er aus.

Einfache Traktoren, die ihr Geld wert waren, wie dieser 570er, waren seit Jahren Bestandteil der Belarus-Produktpalette.

BOLINDER-MUNKTELL

Bolinder und Munktell fusionierten 1932; Bolinder baute Motoren und Munktell Traktoren. Hier ist ein 22HK abgebildet.

Drei Unternehmen dominieren die skandinavische Traktorenindustrie: Valmet/Valtra, Volvo und Bolinder-Munktell. Letzteres ist das älteste Unternehmen und wurde 1832 als Maschinensaal von Theofron Munktell gegründet. Das Unternehmen baute Schwedens erste Lokomotiven. Tragbare Dampfmaschinen und Dreschmaschinen folgten und ab 1905 baute das Unternehmen Rohöl-Verbrennungsmotoren.

1913 baute Munktell seinen ersten Traktor, den massiven 30-40er mit einem Halbdiesel-Zweitakt-Motor. Der riesige 13,9-Liter-2-Zylinder-Motor lief mit allen Brennstoffen, die zur Verfügung standen: Kerosin,

Naphtha (Roherdöl) und sogar mit einer Teer-Alkohol- Mischung. Der Traktor erwies sich als zu groß und wurde durch den 20-24er ersetzt. Dieser wog nur 4,2 t und wurde von einem 1-Zylinder-12,8-Liter-Motor angetrieben. Außerdem hatte er ein für Munktell typisches, quer eingebautes Getriebe.

Carl und Jean Bolinder bauten ab 1893 Verbrennungsmotoren; diese waren recht einfache Zweitakter, die mit verschiedenen Brennstoffen liefen. Unter dem Druck der Wirtschaftskrise fusionierten die Bolinders 1932 mit Munktell und gründeten Bolinder-Munktell. Der erste Bolinder-Munktell-Traktor, der 25er aus dem Jahre 1934, hatte einen 5,3-Liter-2-Zylinder-Motor mit 32 PS, der auf dem Zweitakt-Halbdiesel-Prinzip basierte. Während des Zweiten Weltkrieges wurden fast 50 % der schwedischen Traktoren für den Betrieb mit Holzgas umgerüstet.

1950 fusionierte Bolinder-Munktell mit Volvo und brachte kurz darauf seinen ersten Viertakt-Volldieselmotor heraus. Es handelte sich um einen 3-Zylinder-3,4-Liter-Motor mit Direkteinspritzung. Dieser Motor betrieb den Bolinder-Munktell-35er (Standard Spurweite) und den 36er (für Reihenfruchtarbeiten); beide hatten 43 PS bei 1 800 U/min).

Ab 1952 wurde der Bolinder-Munktell-10er nicht mehr gebaut. 2- und 4-Zylinder-Versionen des neuen Dieselmotors wurden eingeführt.

1959 brachte das Unternehmen den T350-Boxer-Traktor auf den Markt. Er hatte ein 10-Gang-Getriebe (plus zwei Rückwärtsgänge), eine unabhängige Zapfwelle und Differenzialsperre. Dieser Traktor wurde von dem Motor der 111er-Serie angetrieben, der eine größere Version des bereits existierenden Dieselmotors war. Der

Dieser 3-Zylinder-Bolinder-Munktell mit Kabine hat extravagante Chromteile.

T350er hatte eine Leistung von 56 PS, der T470 Bison hatte 73 PS und war Bolinder-Munktells erster PS-starker Traktor. Der 2-Zylinder-Victor wurde durch den 40-PS-Buster ersetzt, der von einem 3-Zylinder-Perkins-Dieselmotor betrieben wurde.

1966 kündigte Bolinder-Munktell-Volvo seinen ersten 100-PS-Traktor an. Der T800 hatte einen Volvo-Motor, wurde aber wie alle Bolinder-Munktell-Volvos in der Bolinder-Munktell-Fabrik gebaut. Mit seinem 6-Zylinder-Dieselmotor, 8-Gang-Getriebe und modernem Design war er ein konventioneller Großtraktor. Der T600 (ehemals T350 Boxer) wurde auch aufgerüstet, der Buster T430 wurde 1969 mit 2-Gang-PowerShift, Trac Trol genannt, ausgestattet.

1968 wurden der T810 und der T814 (Vierradantrieb) mit Turbo ausgestattet. Beide hatten den gleichen Volvo-D50-6-Motor wie der T800. 1970 kam der T650 mit einem neuen 4-Zylinder-Dieselmotor (4,2 l) und einer Kabine aus Pressstahl auf den Markt.

1973 wurde das Unternehmen in Volvo-Bolinder-Munktell umbenannt, da es bereits Teil des Volvo-Imperiums war.

mit Vierradantrieb, das als Truppentransporter, Krankenwagen, Feuerlöschfahrzeug oder sogar Panzerfahrzeug ausgerüstet werden kann. Er wird von einem italienischen VM-Turbo-Diesel-4,2-Liter-Motor angetrieben.

BUNGARTZ

Bungartz & Co. Maschinenfabrik in München baute den ersten Traktor 1930 und stattete ihn mit einem DKW-Motor aus. Neben Motoren aus der eigenen Produktion verwendete das Unternehmen Motoren von Fichtel & Sachs, Hatz, MWM und Deutz. 1958 kam der T5 auf den Markt: ein Traktor mit einem Hatz-6,9-Liter-1-Zylinder-Motor und einem 7-Gang-Getriebe mit drei Rückwärtsgängen. Mithilfe von besonders langen Achselschenkelbolzen ließen sich die Vorderräder um 90 Grad drehen. Ab 1960 wurden die Bungartz-Traktoren exportiert, unter anderem nach Amerika, wo das Unternehmen 1974 von Gutboard/Moto Standard übernommen wurde. Die Traktorenproduktion wurde eingestellt und das Unternehmen konzentrierte sich auf Mähmaschinen (einige mit VW-Motoren) und Transporter.

Die Bungartz-Traktoren wurden mit verschiedenen Dieselmotoren ausgestattet.

CASE

Jerome Increase Case verfügte über eine seltene Kombination von Talenten: Geschäftssinn, Erfindergeist und Hartnäckigkeit. Dies machte ihn zum größten Arbeitgeber in Racine in Wisconsin, bevor er 30 Jahre alt war.

Mitte des 19. Jahrhunderts waren viele Menschen in Amerika dem Ruf nach Westen gefolgt, wo riesige Ebenen für die Landwirtschaft verfügbar gemacht wurden und dringend Arbeiter und Hilfe in Form von Maschinen benötigt wurden.

Der junge Case, Sohn eines Farmers, kaufte auf Kredit sechs Dreschmaschinen von Pitts Groundhog und machte sich auf den Weg nach Chicago. Von dort ging es 1842 weiter nach Racine, wo er die Dreschmaschinen vorführte und den wohlhabenderen Farmern verkaufte. Es lief alles nach Plan, doch Case erkannte bald, dass der Groundhog verbesserungsbedürftig war. 1843 eröffnete er ein Geschäft und baute eine neue Version, die ein Gebläse hatte, das Getreide und Spreu voneinander trennte. Der Traktor war ein Riesenerfolg. Innerhalb weniger Jahre war die J. I. Case Com-

Jerome Case zögerte die Enthüllung seines Traktors bis 1911 hinaus, was seiner übervorsichtigen Natur entsprach. Der kleinere 12/25er kam zwei Jahre später.

UNTEN

Große Bodenfreiheit und ein einziges Vorderrad machten diesen Case-Traktor für Reihenfruchtarbeiten unverwechselbar.

GANZ UNTEN

Model C war eine kleinere Version des Model L; ein Traktor der neuen Generation, die die Crossmotors ersetzen würde.

pany als Hersteller von Dreschmaschinen etabliert, die in einer modernen Fabrik mit Dampfmaschinen hergestellt wurden. Doch Jerome wollte noch höher hinaus: Er eröffnete die Racine Manufacturers National Bank, wurde zweimal Bürgermeister der Stadt und brachte es sogar bis zum Senator des Staates Wisconsin!

Sein Erfolg basierte unter anderem darauf, dass er kompetente Mitarbeiter hatte, unter anderem Robert Baker, Manessa Erskine und seinen Schwager Stephen Bull, der Jeromes Assistent war. Man kannte das Quartett als die „Big Four" und sie waren gleichberechtigte Partner.

Inzwischen hatte Case ein Markenzeichen erworben: Old Abe, der berühmte

Der Crossmotor half Case durch die schwierigen 20er-Jahre und gehört zu den Erfolgen der Firma. Sein 4-Zylinder-Motor war quer eingebaut, daher sein Name.

Model L wurde von einem 8,2-Liter-Motor angetrieben und war als 3- oder 4-Pflugmaschine auf dem Markt.

Adler, der auf einem Globus sitzt („Ein Symbol für perfekt konstruierte Maschinen auf der ganzen Welt"). Dieses Markenzeichen blieb über 100 Jahre bei Case. Erst nach dem Tod von Leon Clausen 1965 wurde Old Abe „in Rente geschickt".

Case baute immer größere und bessere Dreschmaschinen. Der neue Eclipse von 1869 konnte 100 Scheffel Getreide in einer Stunde dreschen. Nun wollte Case selbst Dampfmaschinen für die Landwirtschaft bauen, und sie wurden im selben Jahr fertig wie der Eclipse. Sie konnten schleppen, pflügen und mithilfe des Treibriemens verschiedene andere Arbeiten verrichten. Sie waren so erfolgreich, dass sie bis 1924 gebaut wurden.

Case erkannte bald die möglichen Vorteile von Verbrennungsmotoren gegenüber Dampfmaschinen, und 1890 wurde William Paterson eingestellt, um in diesem Bereich zu forschen. Der erste benzinbetriebene Traktor von Case war eine große schwere Maschine, die mit 30 PS dreschen konnte. Aber die Zündung war unzuverlässig, ein Problem, das alle frühen Benzinmotoren hatten. Das war Case nicht gut genug, er

gab den Traktorenbau auf und kehrte zu den dampfbetriebenen Maschinen zurück, was sich als kluge Entscheidung herausstellte.

Viele Firmen hatten verfrüht mit der Herstellung von Traktoren begonnen und schnellen Erfolg und große Gewinne erwartet. Tatsächlich dauerte es aber nochmals 20 Jahre, bis das Traktorengeschäft in den USA richtig gut ging, und Jerome Case erlebte es nicht mehr. Er starb im selben Jahr, als William Paterson den benzinbetriebenen Traktor erfand. Doch die Firma J. I. Case Threshing Machine Co. war in guten Händen und Jeromes Geschäftspartner, Stephen Bull, wurde Präsident.

Zehn Jahre nach dem misslungenen Prototyp-Traktor hatte Case immer noch kein Interesse an diesem neuen Markt. Doch andere amerikanische Firmen waren in der Traktorenherstellung aktiv – Namen, die zum Inbegriff der Traktorenindustrie werden sollten. Charles Hart und Charles Parr fingen 1902 an, Traktoren zu bauen. Im selben Jahr wurde International Harvester gegründet. Allmählich wurde J. I. Case sich bewusst, dass die Zeit reif war für einen zweiten Versuch im Traktorenbau. Ein benzinbetriebener Traktor wurde entwickelt und 1910 dem Vorstand vorgestellt. Er gab grünes Licht, und die Arbeit ging so schnell

Der erste Case in leuchtendem Rot war das Model D 1939.

Wie alle Vorkriegsmodelle wurde auch das Model R mit 4-Zylinder-Motor durch Ketten angetrieben.

voran, dass der Case 30-60 Ende 1911 auf den Markt kam. Er war so riesig und schwer wie die dampfbetriebenen Traktoren und mit 2.500 US-$ etwa genauso teuer. Doch sein horizontaler 2-Zylinder-Motor (völlig anders als der von William Paterson) brachte es auf 30 PS an der Zugstange und 60 PS am Treibriemen.

Bald kam ein kleinerer 20-40er auf den Markt, der 1913 beim Winnipeg Trials zwei Goldmedaillen für geringen Kraftstoffverbrauch gewann. Er wurde acht Jahre lang hergestellt.

Doch andere Traktoren wie Little Bull und Wallis Cub zeigten den Weg in die Zukunft: Sie waren kleiner, leichter und viel

billiger. Diese Traktoren konnten auf kleinen Bauernhöfen Pferde ersetzen und bahnten den Weg in die Serienproduktion. Case reagierte 1913 mit seinem 12-25er, der mit 4 082 kg immer noch schwer war und viel teurer als der Bull oder der Wallis. Der 12-25er war kein großer Erfolg und die Produktion wurde nach fünf Jahren eingestellt.

Der Durchbruch kam 1916, das Jahr, in dem Frank Bull (der Sohn von Stephen) Präsident im Vorstand von Case wurde. Glücklicherweise half eine neue Generation von Case-Traktoren – die Crossmotors – der Firma durch die schwierigen 20er-Jahre, in denen Fords billiger und zuverlässiger Fordson F viele andere Hersteller ruinierte.

Der RC war eine Variante des R und speziell für Reihenfruchtarbeiten entwickelt worden. Er hatte vorne ein kleines Doppelrad und einen „Arm“ für die Lenkung.

Der Case 300 ersetzte den S 1956 und kam in der neuen Farbe „Wüstensand". Es gab ihn mit 2,4-Liter-Benzinmotor oder 2,6-Liter-Dieselmotor.

RECHTE SEITE
Bei oberflächlicher Betrachtung sieht der Case S genauso aus wie der D, aber er ist kleiner als dieser.

Der Crossmotor war durch Cases Beziehung mit der Automobilindustrie entstanden. Anteile der Pierce Motor Company gehörten den Managern von Case, und als die Pierce Motor Company in finanzielle Schwierigkeiten kam, lag die Übernahme der Firma durch Case auf der Hand. Case kaufte Pierce 1912 und blieb die nächsten 15 Jahre in der Automobilindustrie.

So kam es, dass der Case Crossmotor 10-20 einen umgebauten Automotor hatte, nämlich einen modernen 4-Zylinder. Das Fahrgestell war aus gegossenem Stahl und damit besonders stabil. Der 10-20er hatte nur drei Räder und war viel leichter und billiger als alle bisherigen Traktoren von Case.

In der Zeit, als D. P. Davies die Entwicklungsabteilung leitete, entwickelte Case eine ganze Serie von Crossmotoren. Der kleine 9-18er, der 1916 gebaut wurde, hatte einen

CASE

CASE 600

3,9-Liter-Motor, vier Räder und ein Ausgleichsgetriebe. In nur drei Jahren wurden fast 5 000 Stück verkauft. Das konnte zwar nicht mit den Zahlen von Fords Massenproduktion mithalten, war aber ausreichend, um den Preis niedrig zu halten. Der 9-18 B, der 1918 entwickelt wurde, hatte ein gusseisernes Fahrgestell, in dem sich der Motor befand. Noch im selben Jahr wurde daraus der 10-18er mit einem stärkeren Motor.

Doch der erfolgreichste Crossmotor sollte noch kommen. Der 15-27er wurde 1919 gebaut und ähnelte seinem kleinen Bruder, hatte aber einen stärkeren 4-Zylinder-Motor mit 6,3 l Hubraum. Er verfügte über Druckschmierung und eine riesige dreiachsige Kurbelwelle, die unter anderem für den relativ hohen Preis von 1.700 US-$ verantwortlich war, während ein Fordson gerade mal 395 US-$ kostete. Dieser brachte es auf die gleichen PS am Treibriemen, hatte aber weniger Zugkraft. Doch andere Vorteile machten den 15-27er zu einem Erfolg,

LINKE SEITE
Der 600er mit 8 Geschwindigkeiten war der stärkste Case-Traktor 1957. Der Adler „Old Abe“ war zu dieser Zeit immer noch Cases Markenzeichen.

UNTEN
Das Case-Model VAC. Der V hatte den R 1939 ersetzt und hatte Gang-Endantrieb anstelle des bisher genutzten Ketten-Endantriebs.

und in fünf Jahren wurden über 17 000 Stück verkauft. 1925 kam er als 18-32er wieder heraus, und hiervon wurden 15 000 verkauft. Aus dem 10-18er wurde der 12-20er mit einer Scheibenkupplung; er kostete doppelt so viel wie der Fordson. Doch Case wollte Großtraktoren verkaufen, und 1919 kam der 22-40er heraus, der bisher stärkste Traktor mit 40 PS am Treibriemen und einem 10,5-Liter-Motor. Dieser

Traktor wurde speziell entwickelt, um die großen Dreschmaschinen zu ziehen, die ebenfalls von Case gebaut wurden. Oft wurden beide Maschinen zusammen für über 6.000 US-$ verkauft.

Für die großen Bauernhöfe wurde der größte Crossmotor aller Zeiten entwickelt, der 40-72er, der einen 4-Zylinder-Motor mit 20,0 l Hubraum hatte. Er wog fast 1 000 kg und konnte an einem Arbeitstag 236 Liter Kerosin verbrauchen! Er konnte außerdem einen 12-scharigen 36-cm-Pflug ziehen, doch er war für viele zu groß und zu teuer (über 4.000 US-$) und in vier Jahren wurden nur 41 Stück gebaut.

Mitte der 20er-Jahre sah es nicht so gut aus für Case. Moderne Traktoren wie der Farmall zeigten den Weg in die Zukunft, während die Crossmotors zu diesem Zeitpunkt schon überholt waren. Doch ein Mann, Leon R. Clausen, ebenfalls ein Bauernsohn, riss das Ruder bei Case herum. Er hatte großen Einfluss auf Case bis zu seinem Tod 1965.

Clausen kam 1924 von John Deere zu Case. Zu diesem Zeitpunkt war die Automobilproduktion eingestellt worden. Clausen beauftragte D. P. Davies, für alle Crossmotors neue Teile zu entwickeln. Zwei davon kamen 1929 heraus: das Vier/Fünf-Pflug-Modell L, das den 18-32er und 25-45er ersetzte, und der kleinere C, der den 12-20er ersetzte. Beide hatten 4-Zylinder-Motoren und waren konventionell – genau das, was Case zu der Zeit brauchte.

Das Modell L war stärker als sein nächster Konkurrent, der John Deere D mit 44 PS am Treibriemen und 30 PS an der Zugstange. Sein einfacher 4-Zylinder-Motor (8,2 l) war zuverlässig und langlebig. Der L verfügte über eine 3-Gangschaltung, während der John Deere nur zwei Gänge hatte.

Das Modell C war im Grunde eine kleinere Ausgabe des L mit einem 5,3-Liter-Motor, Druckschmierung und dreiachsiger Kurbelwelle. Er hatte wie der L ein 3-Ganggetriebe, war aber nur eine Zwei-/Drei-Pflugmaschine. Laut dem ersten Test

LINKS
Der Case 400 war 1955 der erste völlig neue Case nach 26 Jahren. Er hatte einen Dieselmotor, Gang-Endantrieb und ein 8-Gang-Getriebe.

Der 2670er hatte Allradantrieb und gehörte in die neue Klasse der Hochleistungstraktoren. Er brachte es auf 221 PS Bremsleistung und hatte einen Turbo-Dieselmotor mit Ladeluftkühler.

brachte es der C auf 30 PS am Treibriemen und fast 20 PS an der Zugstange. Das machte ihn zu einem echten Konkurrenten für den Fordson.

Schon bald wurde der CC entwickelt, der ein Allzwecktraktor werden sollte. Er war aber viel zu teuer und zu schwer, um in Produktion zu gehen.

1939 begann eine neue Ära bei Case mit der Einführung einer Farbe: Rot. Bis dahin waren alle Case-Traktoren grau gewesen, doch Ende der 30er-Jahre übertrug sich ein allgemein wachsendes Interesse an Design auch auf die Traktorenhersteller. Und das leuchtende Rot passte zum Optimismus einer Industrie, die die Wirtschaftskrise überstanden hatte. Im selben Jahr wurden R, RC, CC und L stark modernisiert und wurden zu D, S, V und LA.

Der D war im Grunde nicht viel mehr als ein modernisierter C, doch er wurde bis 1953 hergestellt. Über die Jahre wurden mehrere Verbesserungen vorgenommen: So verfügte der C zusätzlich über ein mechanisches Hubwerk (das die Befestigung von Anhängern erleichterte), außerdem Hydraulik, Scheibenbremsen und eine Zapfwelle mit Dauerantrieb.

Der S schien auf den ersten Blick identisch, war aber eine 2-Pflug-Maschine. Wie den D, so gab es auch den S in verschiedenen Ausführungen, unter anderem den SC

als Allzwecktraktor, den SO für Obstplantagen und den SI für industriellen Einsatz. Alle wurden vom gleichen Motor angetrieben, einem 4-Zylinder-Motor mit 2,2 l Hubraum, der mit 1 550 U/min lief. Der S wurde ebenfalls bis 1953 gebaut.

Der V war der kleinste Traktor der 1939er-Generation. Case hatte den Markt für kleine 1-Pflug-Traktoren lange vernachlässigt, und nun gab es in dieser Klasse den B von Allis-Chalmers und den L von John Deere. Im Juni 1939 wurde das Model V mit einem 2,0-Liter-Motor mit 22 PS am Treibriemen auf den Markt gebracht. Leider war der V mit 1 946 kg viel schwerer als seine Konkurrenten.

Während des Zweiten Weltkriegs baute Case über 15 000 Traktoren für das Militär, darunter den LAI, der speziell für die Wüste konstruiert war und es auf 64 km/h brachte.

Nach dem Krieg wurde der kleine V durch den VA (mit eingebautem 2,0-Liter-Motor) ersetzt, die anderen Modelle liefen weiter wie vor dem Krieg. Der VA mit seiner benutzerfreundlichen Eagle-Hitch-Anhängerkupplung war der erste Traktor von Case, der es mit den Traktoren von Ford-Ferguson und ihrer Dreipunktkupplung aufnehmen konnte. Andererseits hatte er keine Zugwiderstandsregelung und passte nicht zu den Dreipunkt-Anhängern, die viele Farmer hatten.

So geriet Case, obwohl er an vierter Stelle stand (nach International, Ford und John Deere), technisch ins Hintertreffen. Dieselmotoren waren die Zukunft für amerikanische Landwirtschaftsmaschinen, und John Deere, International und Oliver verkauften lange vor Case Diesel-Traktoren. Aber Leon Clausen hielt immer noch den Daumen drauf bei Case, und der ganze Vorstand der Firma bestand inzwischen aus alten

LINKS UND UNTEN
Broschüren von Case aus den 80er-Jahren zeigen das Case-IH-Logo, das nach dem Zusammenschluss mit International Harvester entwickelt worden war. Die großen Traktoren von International wurden durch die Case-94er-Serie ersetzt.

Männern. Auch die Einführung des 6-Zylinder-Dieselmotors für den überarbeiteten LA konnte den Mangel anderer Errungenschaften nicht ausgleichen. Größere Veränderungen waren nötig.

Sie kamen in den 50er-Jahren in Gestalt von Marc Rojtman, der wie Leon Clausen und Jerome Case ein charismatischer Chef war und die Firma in vielerlei Hinsicht beeinflusste. Rojtman kam von der American Tractor Company, die 1956 von Case übernommen worden war. Er sollte Vizepräsident beider Firmen werden und brachte frisches Blut in Entwicklung, Finanzen und Verkauf.

Das Modell 400, das 1955 auf den Markt kam, hatte einen 4,1-Liter-Motor, der mit Benzin, Autogas oder Diesel betrieben werden konnte. Dieser Traktor hatte 50 PS und war für vier Pflüge konstruiert. Außerdem gab es ein neues 8-Gang-Getriebe und eine Dreipunktkupplung mit Zugwiderstandsregelung. Bald folgten die Modelle 300 und 350, beides 3-Pflug-Traktoren. Der 500er und der 600er wurden mit neuen 6-Gang-Getrieben ausgestattet.

Rojtman tat etwas Außerordentliches und lud alle Case-Händler des Landes mit ihren Ehefrauen zu einem dreitägigen Trip nach Phoenix ein, wo die 1958er-Modelle vorgestellt und getestet wurden. Abgesehen davon wurden die Gäste nach Strich und Faden verwöhnt. So etwas hatte es noch nie bei einem Hersteller landwirt-

Ein typischer moderner mittelgroßer Traktor von Case aus den 90er-Jahren mit Allradantrieb und Großkabine.

schaftlicher Maschinen gegeben, und das Ereignis kostete Case 1 Million US-$! Doch die eintreffenden Bestellungen übertrafen diese Summe um ein Hundertfaches – 30 000 Traktoren wurden nach diesem Event verkauft.

Die Traktoren selbst waren äußerlich nicht sehr verändert worden. Die größte technische Neuerung war Case-O-Matic, ein Drehmomentwandler, der es möglich machte, ohne Kupplung zu starten und sofort in verschiedene Gänge zu schalten.

1960 bekamen alle Traktorenmodelle eine „30" angehängt, aus dem 900er wurde 930er usw. Es wurden verschiedene Getriebe angeboten, unter anderem Getriebe mit drei Bereichen und Wendeschaltung. Doch es kam zu internen Auseinandersetzungen zwischen Rojtman und den konservativen Mitgliedern des Managements. Als Rojtman 1960 nach einem Streit seine Kündigung einreichte, wurde diese sofort angenommen. In nur vier Jahren hatte Rojtman Case zu einem der wichtigsten Hersteller gemacht, und das trotz der Tatsache, dass die Firma nach den kostspieligen Entwicklungen in den 50er-Jahren finanziell in einer prekären Situation war. Glücklicherweise wurden die finanziellen Probleme 1967 gelöst, als Tenneco Inc. aus Houston in Texas Case übernahm und für finanzielle Sicherheit sorgte.

Der Case-IH 1394 mit Allradantrieb gehört zu den Kleintraktoren, die in Doncaster in England gebaut wurden.

Der wichtigste Case-Traktor der 90er-Jahre war nicht dieser mittelgroße 5140er, sondern der größere Magnum, der 1988 auf den Markt kam.

Die 60er-Jahre waren ruhiger bei Case. 1965 kam der Comfort King auf den Markt, bei dem die Erschütterungen für den Fahrer reduziert wurden. Doch es ging immer mehr um starke Motoren, und 1966 gab es den ersten Traktor, der die 100-PS-Marke überschritt.

Der Dieselmotor wurde auf 7,4 l vergrößert und brachte es auf 102 PS. (Allerdings hatte Allis-Chalmers schon drei Jahre zuvor die 100-PS-Marke erreicht.)

Ende der 60er-Jahre gab es wieder eine neue Generation, die 70er-Serie. 1969 kamen die kleineren 470er und 570er als Standardmodelle heraus, die schon bald durch Firmenübernahme das Logo von David Brown trugen.

Die größeren Traktoren der 70er-Reihe jedoch wurden nach wie vor in den Clausen-Werken in Racine gebaut. Sie hatten auf Gummidämpfern montierte Kabinen, die vom Comfort King übernommen worden waren, außerdem gab es drei verschiedene Sitze zur Auswahl. Der 6-Zylinder-Dieselmotor nutzte jetzt Direkteinspritzung. Alle Traktoren, außer dem 1070er, konnten auch mit Benzin betrieben werden. Autogas wurde aufgegeben.

Zur 70er-Serie gehört auch der Black Knight, der bis heute ein beliebtes Sammlerobjekt ist. Doch der prächtigste Traktor von Case aus den 70er-Jahren ist wohl der 1570 Spirit of 76, den Case zur 200-jährigen Unabhängigkeit von der britischen

Herrschaft in den Farben und Symbolen der amerikanischen Flagge streichen ließ. Er war der stärkste Zweiradantrieb-Traktor mit einem 6-Zylinder-Diesel-Motor mit 8,2 l Hubraum und einem Turbo, der es auf 180 PS Bremsleistung bei 2 100 U/min brachte. Doch diese Traktoren wurden bald von Allradantrieb-Motoren verdrängt.

Case hatte Vertragsfirmen in England und Frankreich, die die Kleintraktoren bauten, und konnte sich selbst immer stärker auf die großen Maschinen konzentrieren. 1978 wurde die 70er-Serie durch die 90er-Serie ersetzt. Der kleinste Großtraktor mit Allradantrieb, der 2590er, nutzte den bewährten 6-Zylinder-Dieselmotor, während der größte allradangetriebene Traktor einen eingekauften Motor aus der Mitte der 70er-Jahre hatte. 1981 wurden mikroelektronische Bedienungselemente in die Allradtraktoren eingebaut. Im folgenden Jahr wurden der 2090er und 2290er mit mechanischem Vorderradantrieb angeboten. 1983 wurde die gesamte Serie durch die 94er-Serie ersetzt, zunächst mit Zweiradantrieb und 43 PS bei 180 PS Bremsleistung. Die allradangetriebenen Traktoren, die kurz danach auf den Markt kamen,

Die 50er-Reihe war eine Nummer größer als die 40er. Dies ist ein 5150er mit angehängten Arbeitsgeräten vorne und hinten.

„Das kriecht wie eine Raupe“, rief ein Zuschauer, als Benjamin Holts Prototyp eines Raupenfahrzeugs 1908 durch die Straßen kroch. Der Name „Caterpillar“ (engl. für Raupe) blieb erhalten.

reichten vom 4494er bis 4994er und erreichten zwischen 210 und 400 PS Bremsleistung. Der große 4994er wurde von einem V8-Turbodiesel angetrieben, mit Hydra-Shift-Halbautomatik-Getriebe. Die Elektronik überwachte Zeit, bearbeitete Ackerfläche und Position der Räder.

1984 übernahm Tenneco Anteile von International Harvester, einem der großen Konkurrenten von Case. International war vom Einbruch der Verkaufszahlen von Traktoren Anfang der 80er-Jahre stark betroffen und wurde nun zum Junior-Partner von Case-International Harvester. Seine Traktoren wurden zugunsten der Case-Modelle aufgegeben, und International spezialisierte sich auf Getriebe. Die Anzahl der angebotenen Traktorenmodelle wurde von unübersichtlichen 50 auf etwa ein Dutzend reduziert.

All dies stärkte Case und plötzlich war die Firma auf Platz 2. Als Tenneco 1986 Steiger aufkaufte, wurde Case noch bedeutender. Die Firma hatte Produktionsstätten in Racine und Fargo (USA), St. Mary´s (Australien), Doncaster und Meltham (England), St.-Dizier (Frankreich) und Neuss (Deutschland). Durch Zusammenarbeit mit Cummings konnten preisgünstig neue Dieselmotoren hergestellt werden, die CDC hießen.

Der Case Magnum, der 1988 herauskam, nutzte CDC-Motoren und Getriebe von International. Er hatte zwischen 130 PS und 195 PS, was 1997 auf 155 PS bis 264 PS erhöht wurde.

Der kleinere Maxxum Plus wurde für die 90-125-PS-Klasse gebaut und bot 2002 ein Leistungsspektrum von 67 bis 145 PS. Mit dem Magnum, dem Maxxum und der STX-Steiger-Serie war Case auf dem Markt der Hochleistungstraktoren gut vertreten. Doch es ging nicht immer so gut weiter.

1988 musste die englische Fabrik in Meltham schließen. 1999 schloss Case-IH sich mit New Holland zu CNH Global zusammen, einer großen Firmengruppe, die teilweise auch zu FIAT-Geotech gehörte.

Damit war Case Teil eines globalen Konsortiums. Mehrere Fabriken mussten schließen, doch Case überlebte als Teil von CNH.

Holt fing früher an, Raupenfahrzeuge zu entwickeln, aber Best gehörte ebenfalls zu den Pionieren. Dieser Best 60 hat einen großen 4-Zylinder-Motor.

CATERPILLAR

Caterpillar ist das Kind von zwei bitteren Rivalen im Raupenfahrzeuggeschäft und entwickelte sich zu einem weltweiten Marktführer. Caterpillar führte den Dieselmotor für U.S.-Traktoren ein. Die Caterpillar-Raupenfahrzeuge für die Landwirtschaft blieben ein Nebenzweig der Firma. 1986 gab es eine revolutionäre Entwicklung bei Caterpillar: Gummiraupenketten, mit denen Raupenschlepper auf dem

RECHTE SEITE OBEN UND UNTEN

Der große Best/Caterpillar Sixty aus den 20er-Jahren brachte es mit seinem 18,5-Liter-Motor auf 55 PS am Treibriemen.

Der Caterpillar 30: Alle Bests und Holts wurden nach dem Firmenzusammenschluss zu Caterpillars.

Feld wesentlich schneller fahren konnten.

Die Brüder Best, Samuel, Daniel, Henry und Zechariah, waren Weizenbauern in Kalifornien im 19. Jahrhundert. Daniel war ein eingefleischter Erfinder, und er entwarf eine erfolgreiche Maschine, die mähen und dreschen konnte – den Mähdrescher. Etwa zur gleichen Zeit kam Charles Holt aus Neu-England und gründete eine Firma, die Wagenräder herstellte. Schon bald kamen seine drei Brüder nach. Es dauerte nicht lange, bis sich die Firma vergrößerte und ebenfalls dampfbetriebene Traktoren und Mäh-

maschinen herstellte. Von da an waren die Familien Best und Holt bittere Rivalen.

Die Dampfmaschinen beider Firmen hatten riesige breite Räder, damit sich das Gewicht der schweren Maschinen besser verteilte. Benjamin Holt erkannte die Möglichkeiten von Raupenketten; die Idee war nicht neu, aber er setzte sie erfolgreich um. Als der Prototyp des ersten Raupenfahrzeugs nach einer erfolgreichen Testfahrt nach Hause rollte, rief ein erstaunter Zuschauer: „Der kriecht wie eine Raupe!" (Caterpillar ist englisch für Raupe; Anm. d. Übersetzerin.) Der Name blieb, und 1908 wurden benzinbetriebene Caterpillar-Traktoren in der Holt-Fabrik hergestellt. Im gleichen Jahr verkaufte Daniel Best seine Firma an die Holt-Brüder. Dies wiederum passte seinem Sohn C. L. Leo Best überhaupt

Zeitschriftentitel von 1931 für den Sixty.

nicht, und er baute selbst eine Fabrik, in der er schon nach wenigen Jahren ein ähnliches Raupenfahrzeug herstellte, allerdings mit einigen Verbesserungen.

Die alte Rivalität bestand weiter.

Nach dem Ersten Weltkrieg ging es Holt besser, da er sich auf die Produktion für die Landwirtschaft konzentriert hatte,

Der kleine Caterpillar 10 wurde speziell für Bauern entwickelt.

Der Caterpillar R2 mit dem vom Twenty-Two übernommenen Benzinmotor. Das „R“ bedeutet, dass er auf Bestellung der US-Regierung gebaut worden war.

während Best das Militär versorgt hatte. Der Rückgang im Traktorengeschäft Anfang der 20er-Jahre machte deutlich, dass kein Platz für zwei Hersteller von Raupenfahrzeugen war. 1925 schlossen sie sich zusammen zur Caterpillar Tractor Company. Und es lief gut. Holt hatte den kleinen T-35 bzw. 2 Ton, während Best die großen Thirty und Sixty hatte, wodurch sich die beiden gut ergänzten. Der 2 Ton war für Bauern gebaut und günstig für nur 375 US-$. Der Sixty von Best war für seine Größe überraschend beweglich und hatte 35 PS an der Zugstange und 55 PS am Treibriemen. Er wurde von einem 18,5-Liter-Motor angetrieben. Anfang der 30er-Jahre wurde die Konkurrenz durch Cletrac und Allis-Chalmers, die die Monarch-Serie produzierten, ernst.

Caterpillar reagierte mit der Aufrüstung aller benzinbetriebenen Caterpillars: Aus Ten wurde Fifteen, aus Fifteen Twenty usw. Doch alle benzinbetriebenen Maschinen hatten die gleiche Schwäche: enormen Durst. Ein Dieselmotor benötigte nur etwa die Hälfte Kraftstoff. 1931 wurde der erste dieselbetriebene Caterpillar geliefert. Er war auch der erste leuchtend gelbe Caterpillar, die Farbe, die die grauen Maschinen von früher ablöste.

Der Caterpillar war ein Riesenerfolg, und in den nächsten drei Jahren baute die Firma mehr Dieseltraktoren als alle anderen Hersteller Nordamerikas zusammen. Während des Zweiten Weltkrieges versorgte Caterpillar das Militär. Nach dem Zweiten Weltkrieg stellte die Firma die Herstellung von

Der Durchbruch! Innerhalb von drei Jahren nach der Einführung 1931 baute Caterpillar mehr Dieselmotoren als sonst jemand auf der Welt.

RECHTE SEITE
Eine Seltenheit: Ein Caterpillar auf Rädern!

UNTEN
Der Caterpillar RD6.

benzinbetriebenen Raupenfahrzeugen ein. Nach 1946 ging das Geschäft weiter wie gehabt, und die Raupenfahrzeuge der Vorkriegszeit D2, D4, D6, D7 und D8 wurden weiterhin gebaut. 1947 wurden alle Fahrzeuge durch die U-Serie ersetzt, die stärkere Motoren hatte, ansonsten der vorigen Serie aber sehr ähnlich waren. Sie hatten alle ein 5-Gang-Getriebe, und gestartet wurden sie von einem elektrischen Motor oder einer Hilfsmaschine.

1954 kam der D9 mit Turbolader heraus, der 50 % stärker war als der D8, auf dem er basierte. Es gab außerdem Verbesserungen im Getriebe. Nur vier Jahre spä-

PILLAR
CATERPILLAR

RECHTE SEITE
Ein Caterpillar für landwirtschaftliche Arbeit 2001.

Ein Raupenfahrzeug der alten Schule mit Stahlketten: Der D8H. Diese Maschinen wurden kaum in der Landwirtschaft eingesetzt.

ter kam der D8H mit einem 3-Gang-Lastschaltgetriebe und Drehmomentwandler. Zu dieser Zeit waren Baumaschinen das Hauptgeschäft von Caterpillar, doch die Firma versorgte auch Landwirte mit dem D4, D5 und D6, die 1966 speziell für die Feldarbeit entwickelt wurden.

1976 wurden versiegelte und geschmierte Raupenketten eingeführt, die viel haltbarer waren. Doch dies war immer noch nicht das, was die Landwirte wirklich wollten. Mehr als je zuvor brauchten sie Maschinen, die höhere Geschwindigkeit und mehr Komfort boten – beides konnten die Stahlketten nicht bieten. 1986 kam der Durchbruch mit Caterpillars Mobil-trac-System, das aus stabilen Gummiketten bestand, die Zugkraft und Lauf von Stahlketten hatten und den Komfort und die Geschwindigkeit von Gummireifen. Der neue Challenger kam mit den Gummiketten heraus und wurde ein großer Erfolg. Eine ganze Serie von Challengern

CATERPILLAR

folgte, wobei vor allem der 35er und 45er für die Feldarbeit geeignet waren. 1999 gab es drei verschiedene Modelle: den 35er mit 175 PS, den 45er mit 200 PS und den 55er mit 225 PS. Alle verfügten über ein elektronisch bedienbares Lastschaltgetriebe.

Das Konzept der Gummiraupen war so erfolgreich, dass konventionelle Firmen wie John Deere und Case-IH nachzogen. Die Firma Claas in Deutschland wollte den europäischen Vertrieb des Challenger übernehmen. Doch das größte Kompliment kam von AGCO: Sie kauften die Produktionsrechte und verkauften ihre eigenen Traktoren über Caterpillar-Händler und in den Cat-Farben.

UNTEN UND RECHTE SEITE

Nach dem Erfolg des ersten Challenger brachte Caterpillar rasch die kleineren 35er, 45er und 55er heraus, die für Reihenfruchtarbeiten konzipiert waren.

CAT
Challenger
35
Kverneland

CHAMBERLAIN

Chamberlain war einst der Marktführer in der Traktorenherstellung in Australien, ist heute aber Teil des John-Deere-Konzerns und ausschließlich mit der Herstellung von Geräten für Ackerbau und Pflanzung befasst. Gegründet wurde die Firma 1947 von A. W. Chamberlain und seinen beiden Söhnen. Die ersten elf Traktoren verließen erst zwei Jahre später die ehemalige Munitionsfabrik. Sie waren mit 2-Zylinder-Motoren ausgestattet, die mit Kerosin liefen und von dem australischen Ingenieur Phil Irving entworfen worden waren. Es gab Versionen mit 40, 45 und 55 PS; ein früher Versuch mit einem Dieselmotor schlug fehl.

Chamberlains erster Diesel kam 1952 auf den Markt: der 60 DA wurde von einem 3-Zylinder-GM 3-71 der Firma General Motors angetrieben. Bis 1976 produzierte Chamberlain Traktoren mit Motoren von General Motors.

Ab Mitte der 50er-Jahre gab es eine kleinere, billigere Alternative, den Perkins-L4-betriebenen Champion. Er war sehr populär und wurde über 20 000-mal in den nächsten 20 Jahren gebaut. Der einfache Perkins-Diesel wurde von Chamberlains eigenem robusten 3-Gang-Getriebe mit zwei Bereichen angetrieben.

Chamberlain war für amerikanische oder europäische Verhältnisse relativ klein mit seiner Produktionskapazität von 3 000 Traktoren pro Jahr, aber die Firma wuchs weiter. In den 60er-Jahren stiegen die Verkaufserlöse von 7,6 Millionen austr. $ auf 19,3 Millionen austr. $. Die Firma brachte den ersten Traktor mit 100 PS auf den Markt, den Countryman, der von einem English-Meadows-Dieselmotor betrieben

Chamberlains frühe Traktoren hatten 2-Zylinder-Motoren, die mit Kerosin liefen. Doch schon bald wechselte man zu Dieselmotoren, die auch für diesen Super 70 verwendet wurden.

wurde. 1970 kaufte sich John Deere mit 49 % bei Chamberlain ein und übernahm später die ganze Firma.

Die 80er-Serie von 1975 nutzte Deere-Motoren aus Saran (Frankreich) für alle Traktoren vom 4-Zylinder-3380-Traktor mit 68 PS bis zum 6-Zylinder-4480-Traktor mit Turbolader und 119 PS. 1982 gab es noch eine größere 90er-Serie. Doch 1986 stoppte John Deere die Produktion in Chamberlains Firma. Von nun an konzentrierte Chamberlain sich auf die Herstellung von landwirtschaftlichen Geräten.

Der Chamberlain Sedan, der während der John-Deere-Ära gebaut wurde.

UNTEN

Chamberlain, Australiens erfolgreichster Traktorenhersteller, stellte diesen Super 90 her, ein kompakter und leistungsstarker Traktor.

CLAYTON

Clayton & Shuttleworth in Lincoln, England, stellten seit 1845 Dampfmaschinen her und seit der Jahrhundertwende ölbefeuerte Dampfmaschinen. Die Firma betrieb außerdem Handel mit Osteuropa und hatte eine Fabrik in Wien; diese Beziehungen sorgten in erster Linie dafür, dass Clayton an der Gründung von HSCS, dem ungarischen Traktorenhersteller, beteiligt war.

Claytons erster Traktor mit Verbrennungsmotor wurde 1911 vorgestellt. Er hatte einen großen 4-Zylinder-Motor mit 80 PS bei Kerosinbetrieb und 90 PS bei Benzinbetrieb. Höchstgeschwindigkeit war 6 km/h auf der Straße und 4 km/h auf dem Feld. Fünf Jahre danach kam ein Raupenfahrzeug heraus, das von einem 6,3-Liter-Motor angetrieben wurde. Ein größeres Raupenfahrzeug, der Multipede, brachte es mit 3-Gang-Getriebe auf 100 PS und immerhin 11 km/h.

Doch Clayton wurde 1926 von Marshall übernommen und die Produktion wurde 1928 eingestellt. Später allerdings bahnte die Firma in Großbritannien den Weg zur Herstellung von Mähdreschern.

Clayton gehörte zu den frühen Herstellern von Raupenfahrzeugen, wurde aber 1926 von Marshall übernommen.

ENGLAND
CRAWFORD
Clayton

Cletrac war berühmt für seine Raupenfahrzeuge, baute aber auch einige Traktoren mit Rädern.

CLETRAC

Wahrscheinlich war Caterpillar der weltweit bekannteste Hersteller von Raupenfahrzeugen, ganz sicher war er der größte von allen. Aber er war nicht der einzige. Rollin H. und Clarence G. White gründeten 1916 die Cleveland Motor Plow Company, um Raupenfahrzeuge für die Landwirtschaft zu bauen. Der Firmenname war irritierend lang, aber die Abkürzung ergab einen guten Markennamen: Cletrac. Die frühen Cletracs waren klein, Model R ebenso wie Model H und der erfolgreiche 12/12 PS-W, der 1918 auf den Markt kam und 14 Jahre lang gebaut wurde. Ein kleineres Model 9/16 folgte 1921, war aber kein Erfolg. Der größere 15/25er kam 1926 heraus. Was die Cletracs von allen anderen Raupenfahrzeugen unterschied, war ihr Steuersystem. Die Cletracs nutzten ein Planetengetriebe mit einer

Bremse an jedem Antriebsrad. Daher konnte, je nach Bedarf, unterschiedlich viel Energie an die Ketten gegeben werden, während beide nach wie vor die Maschine bewegten.

Die meisten Cletracs waren klein (unter 30 PS) und entsprachen den Bedürfnissen der Landwirte.

Doch in den 30er-Jahren kamen große Raupenfahrzeuge dazu, die für den Bau und Straßenbau entwickelt wurden und bis zu 100 PS hatten.

Das kleinste in den USA erhältliche Raupenfahrzeug wurde ebenfalls von Cletrac gebaut: der HG, der 1939 auf den Markt kam, wog nur 1 315 kg und hatte 11 PS an der Zugstange. Er war speziell für den Gebrauch in Obstplantagen konstruiert worden. Der kleine bewegliche HG war ein großer Erfolg. Cletrac baute nur einen Traktor mit Rädern, den benzinbetriebenen GG, der es mit einem Hercules-Motor auf 11/17 PS brachte. In drei Jahren verkauften

Cletrac baute das kleinste Raupenfahrzeug, das je in den USA verkauft wurde.

Der Oliver OC-3 nach der Übernahme 1944. Die meisten Cletracs wurden damals in Olivers umbenannt.

sich 7 500 Stück und das Design wurde an B. F. Avery verkauft.

1944 wurde Cletrac von Oliver aufgekauft. Die alte Cletrac-Serie lief nach dem Zweiten Weltkrieg weiter, wurde aber ab 1953 in Oliver umbenannt und im typischen Oliver-Grün gestrichen. Aus dem HG wurde der Oliver OC-3. Oliver gehörte inzwischen White, der wiederum einer der Gründer von Cletrac gewesen war! Die Produktion von Raupenfahrzeugen wurde 1965 eingestellt.

GANZ OBEN
Cletrac-Oliver baute große Raupenfahrzeuge wie diesen 80er, um mit Caterpillar konkurrieren zu können.

OBEN
Der 27/37-PS-BD lief mit einem Hercules-Dieselmotor.

CO-OP

Ein 4-Zylinder-CO-OP-Traktor mit drei Rädern.

Über die Jahre hinweg hatten verschiedene Bauern-Kooperativen versucht, ihren Bedarf an Traktoren zu decken, indem sie etablierte Hersteller mit der Konstruktion beauftragten. So war zum Beispiel das U-Modell von Allis-Chalmers auf die Anfrage einer Bauern-Kooperative in Chicago gebaut worden.

Erst als das Geschäft mit der Kooperative platzte, wurde der Traktor zu einem

Allis-Chalmers-Modell. Die Manufacturing Company of Battle Creek in Michigan bot 1938 drei Traktoren mit 4-Zylinder-Waukesha- und 6-Zylinder-Chrysler-Motoren an.

Kanadas Bauernkooperativen traten ebenfalls auf den Plan und verkauften den kanadischen Cockshutt 30 als CCIL. Übrigens machte Cockshutt ein gutes Geschäft mit den Kooperativen: der kleine 30er wurde von der American Farmers' Union (AFU) in leuchtendem Orange unter dem Namen E3 verkauft, war aber abgesehen von der Farbe identisch mit dem Cockshutt-Traktor.

Nach und nach wurden alle Cockshutt-Traktoren durch die AFU in leuchtend Orange verkauft. Der CO-OP E4 entsprach dem 6-Zylinder-Cockshutt 40, der kleine Cockshutt 20 wurde als E 2 angeboten, der größte Cockshutt lief unter dem Namen E 5.

Ein späterer Traktor von CO-OP mit vier Rädern.

DAVID BROWN

David Brown hatte eigentlich nicht vorgehabt, Traktoren zu bauen, aber seine Firma in Nordengland expandierte zu einem der größten Hersteller auf diesem Gebiet. Case übernahm die Firma 1972 und ab 1983 wurden nur noch Traktoren mit dem Case-Logo gebaut. Fünf Jahre später wurde die Firma geschlossen.

Die ursprüngliche Firma von David Brown begann in Huddersfield in Yorkshire mit der Herstellung von Getrieben aus Holz. Nach und nach ging man in Richtung Gusseisen und Stahl, bis hin zu kompletten Kraftfahrzeuggetrieben. Die Firma florierte in den 30er-Jahren unter dem gleichnamigen Enkel des Gründers. Dann kam der irische Ingenieur Harry Ferguson ins Geschehen. Er hatte die revolutionäre Dreipunktkupplung erfunden und brauchte nun jemanden, der den dazugehörigen Traktor baute. Brown, der wie Ferguson ein erfolgreicher Ingenieur war, war begeistert und nahm den Vorschlag einer Zusammenarbeit an. Unglücklicherweise konnte es nicht ausbleiben, dass zwei so starke Individuen früher oder später aneinander geraten würden, was auch geschah.

Doch zunächst wurde der Ferguson-Brown gebaut, ein kleiner Traktor, der von einem Coventry-Climax-Motor mit 20 PS

Der VAK1A von David Brown mit der unverkennbaren Verkleidung, die den Fahrer zumindest etwas vor Wind und Regen schützte.

angetrieben wurde und natürlich mit der hydraulischen Dreipunktkupplung ausgestattet war. Diese geniale Erfindung war ein echter Meilenstein in der Entwicklung der Traktoren, denn sie sorgte für automatische Tiefenkontrolle und hatte eine hydraulische Hebevorrichtung, um Anhänger einfach an- und abzuhängen. Das Prinzip war so gut, dass Traktoren mit schwächeren Motoren mehr Leistung bringen konnten als stärkere Maschinen, die mit einer konventionellen Kupplung ausgestattet waren.

Doch schon bald gab es Probleme anderer Natur: Die Verkaufszahlen, für die Brown verantwortlich war, waren wegen des hohen Preises enttäuschend. Ferguson

David Brown baute auch einige Raupenfahrzeuge; dies ist der 50TD.

Als es zu Streitigkeiten mit Harry Ferguson kam, konstruierte David Brown selbst einen Traktor, den VAK1.

weigerte sich, technische Verbesserungen vorzunehmen, und unterstellte der Firma Brown mangelnde Qualitätskontrolle bei der Produktion. Die Spannungen wurden unerträglich, und Ferguson machte sich auf den Weg nach Amerika. Hier bot er – hinter Browns Rücken – die Kupplung Henry Ford an. Brown entwickelte gleichzeitig heimlich einen neuen Traktor, den VAK1, dessen Entwicklung bei Ausbruch des Zweiten Weltkrieges abgeschlossen war. Er hatte eine Dreipunktkupplung, aber Brown achtete darauf, dass keine Patente von Ferguson verletzt wurden; der 4-Zylinder-Motor wurde von Browns Firma selbst gebaut. Während des Krieges wurden viele VAKs gebaut, sowohl als Traktoren und Raupenfahrzeuge als auch als Schlepper für Flugzeuge.

Der VAK lief mit kleinen Neuerungen nach dem Krieg weiter und wurde 1947

durch den berühmten Cropmaster ersetzt, von dem bis 1954 fast 60 000 Exemplare hergestellt wurden. Er war sehr populär, hatte verschiedene Zusatzgeräte und wurde ab 1949 mit einem Dieselmotor mit 32 PS Bremsleistung angeboten.

Die einfacheren billigeren DB 25 und DB 30 wurden mit Dampf betrieben, eine Reaktion auf harte Konkurrenz von Ferguson, der inzwischen selbst Traktoren baute, und Fordson.

1961 baute David Brown seinen erfolgreichsten Traktor, den 990er mit 53 PS Bremsleistung. Er wurde später auf 55 PS aufgerüstet und 1967 um den größeren 1200er ergänzt. David Brown konzentrierte sich nun auf den Markt in den USA, wo ehemalige Ford-Händler Interesse an seinen Traktoren zeigten.

Doch leider übernahm Brown sich finanziell mit der Entwicklung eines 100 PS starken Traktors mit halbautomatischem Getriebe und einer Fabrikerweiterung in den USA. Die notwendigen Gelder kamen nicht herein, und 1972 musste Brown seine Firma an Case verkaufen.

Der Cropmaster war der klassische Traktor von David Brown in den 50er-Jahren.

Der David Brown TVO. TVO stand für „Tractor Vaporizing Oil“ – ein billiger Treibstoff, der in Großbritannien für Traktoren verwendet wurde.

Doch in der Zwischenzeit wurde weiter geforscht und entwickelt, und die Traktoren der 90er-Serie von David Brown waren kurzfristig die Bestseller in Großbritannien.

1983 wurde der 90er durch die 94er-Serie ersetzt, die schon das Logo von Case trug. Sie umfasste den 1194er (48 PS), den 1294er (61 PS), den 1394er (mit Turbolader), den 1494er (83 PS) und den 1594er (mit 6-Zylinder-Motor) und einen neuen 1694er mit Turbo-Diesel und auf Wunsch Allradantrieb. Diese Traktoren waren die letzten, die in der Fabrik in Meltham gebaut wurden, danach wurde die Produktion nach Doncaster verlegt, wo Case bereits eine Fabrik hatte. 1988 schloss die Fabrik in Meltham. Ein trauriges Ende für einen dynamischen Hersteller, der mit etwas mehr finanzieller Unterstützung vielleicht heute noch Traktoren bauen würde.

LINKS
Der 1412er mit 91 PS war David Browns erster Traktor mit Turbolader. Er kam 1974 auf den Markt. Hier der 500 000ste Traktor der Firma.

UNTEN
Beim 900er mit 40 PS gab es Probleme mit der Kraftstoffpumpe. Er wurde schnell durch den 950er ersetzt.

Deutz machte einen großen Entwicklungssprung mit dem Agrotron, der 1995 herauskam. Die schräge Motorhaube wurde später von vielen Konkurrenten kopiert.

dene Fahrzeuge während des Zweiten Weltkriegs, die zum größten Teil luftgekühlte Dieselmotoren hatten. 1951 waren alle Deutz-Traktoren luftgekühlt. Nach dem Krieg wurde der Bau von Traktoren wieder aufgenommen. 1954 wurden sowohl der 50 000ste Traktor gebaut als auch der 275 000ste luftgekühlte Dieselmotor.

Deutz-Traktoren waren die am besten verkauften deutschen Traktoren in Frankreich. Dort wurden zwischen 1945 und 1960 15 000 Stück verkauft, was zeigte, wie dringend die europäischen Länder in den ersten Nachkriegsjahren einfache 1-Zylinder-Diesel-Traktoren brauchten. 1960 kam nochmals ein 11-PS-Traktor heraus, mit dem man vorwärts und rückwärts fahren konnte.

Deutz ging 1968/69 mit dem Maschinenhersteller Fahr zusammen und nannte sich nun Deutz-Fahr. Zwei Jahre zuvor hatte der Export von Traktoren in die USA begonnen: im kalten Norden waren die luftgekühlten Motoren populär, weil bei diesem Prinzip nichts einfrieren konnte.

1995 kam Deutz-Fahr in italienische Hände: SAME kaufte die Firma für ca. 200 Millionen DM. Deutz baute weiterhin Traktoren, wobei der Agrotron, der 1995 herauskam, ein echter Meilenstein war. Dieser Traktor mutete im Vergleich zu anderen wirklich futuristisch an. Komplett neu ent-

wickelte wassergekühlte Dieselmotoren trieben den neuen Traktor an. Er hatte eine abgeschrägte Motorhaube, die charakteristisch war für die Traktoren aus den späten 90er-Jahren. Für diese Traktoren waren neue Getriebe entwickelt worden, gemeinsam von Deutz und dem Getriebespezialisten ZF: Beide synchronisierten Versionen hatten Lastschaltgetriebe mit Wendeschaltung. Die Kabine bestand aus 6,5 m² Glas, und es gab ein elektronisch-gesteuertes hydraulisches Hubwerk.

Ein Jahr später wurde der etwas einfachere Agroplus gebaut, der auf dem Dorado der Firma SAME basierte, aber Deutz-Motoren von 60 bis 95 PS hatte.

Der Diesel-Pionier hatte überlebt!

DEUTZ-ALLIS

Deutz-Allis war die Verbindung von zwei guten und lange eingeführten Namen, die aber leider im harten Konkurrenzkampf nicht überlebte. Mitte der 80er-Jahre verfügte Deutz bereits über 20 Jahre Exporterfahrung mit den USA, und es bot sich die Gelegenheit, Allis-Chalmers aufzukaufen. Damit konnte Deutz nicht nur einen in den USA gut eingeführten Namen nutzen, die Firma würde darüber hinaus das Netzwerk von 1 100 Händlern erreichen, das Allis-Chalmers in den USA hatte – während Deutz bis dahin nur 400 Händler beliefert hatte. Aber man wollte nicht gleich Traktoren in den USA

Der Deutz-Allis 6265 war im Grunde ein Deutz-Fahr DX mit neuem Logo, der von Allis-Chalmers-Händlern verkauft wurde.

bauen, daher wurde das alte West-Allis-Werk geschlossen, und die ersten Deutz-Allis-Maschinen waren eine Mischung aus Importen aus Deutschland und restlichem Inventar des West-Allis-Werkes.

1986 gab es die 6200er-Serie, die vom 6240er mit 43 PS an der Zapfwelle bis zum 6275er mit 71 PS an der Zapfwelle reichte. Alle fünf Modelle wurden von luftgekühlten Dieselmotoren von Deutz angetrieben. Aus der alten Allis-Chalmers-Produktion kamen die neu getauften Deutz-Allis 5015, 8010, 8030, 8050, 8070 4W-305.

In den nächsten Jahren bestanden die Traktoren immer mehr aus Bauteilen von Deutz, da das Inventar von Allis abnahm. 1987 kam die 7000er-Serie direkt aus Deutschland. Der stärkste luftgekühlte Dieselmotor hatte 144 PS. 1988 beauftragte Deutz White-New Idea mit dem Bau von großen Traktoren mit über 150 PS. Sie kamen 1989 als 9130, 9150, 9170 und 9190 in Deutz-Grün auf den Markt und ersetzten endgültig die alten Allis-Traktoren.

Als Deutz-Allis 1990 von der AGCO-Kooperative aufgekauft wurde, wurde die 90er-Serie wieder in Allis-Orange gestrichen! Kurz darauf kaufte AGCO auch White auf, und 1992 verkündete AGCO, dass alle Traktoren von nun an AGCO-Allis heißen würden. Damit gab es das Logo Deutz-Allis nicht mehr, aber wenigstens wurden noch die nächsten vier Jahre Deutz-Motoren verwendet.

Der Deutz-Allis 7145 wurde in die USA exportiert.

LINKS UND UNTEN
Ab 1988 wurden der 9130er, 9150er, 9170er und 9190er für Deutz-Allis von der Firma White gebaut. Sie liefen nach wie vor mit Motoren von Deutz.

EICHER

Die deutschen Brüder Eicher kamen relativ spät ins Traktorengeschäft, und sie bauten zwischen 1936 und 1941 nur 1 000 Traktoren, die alle mit Deutz-Motoren ausgestattet waren. Die Traktoren waren klein und relativ einfach, ähnlich den Maschinen von Fendt und Deutz.

Nach dem Zweiten Weltkrieg entwickelte Eicher seinen eigenen luftgekühlten Dieselmotor, und von 1948 an gab es 2-, 3- und 4-Zylinder-Motoren. Typische Eicher-Traktoren der 50er-Jahre waren der EKL11, der mit einem 1-Zylinder-Deutz- Motor mit 1,5 l angetrieben wurde, und sein Zwilling mit 26 PS, der Eichers eigenen 2,6-Liter-Dieselmotor hatte. 1986 wurde ein 6-Zylinder-Motor für den großen Wotan-Traktor gebaut.

Eicher spezialisierte sich später auf Allradantrieb-Motoren und baute den 120 000sten Traktor Mitte der 80er-Jahre. Eicher-Traktoren werden heute noch in Indien gebaut.

UNTEN UND RECHTE SEITE
Eicher baute die perfekten Traktoren für den deutschen Markt: klein, einfach und dieselbetrieben.

EMERSON-BRANTINGHAM

John H. Manny aus Rockford in Illinois hatte Mitte des 19. Jahrhunderts eine effektive Mähmaschine erfunden, die von Pferden gezogen wurde. 1852 gründete er mit der Hilfe der Investoren Waite Talcott und Ralph Emerson eine Firma, um die Maschine bauen zu können. Manny starb vier Jahre später, doch die Firma bestand weiter als Talcott-Emerson Company. Die Geschäfte gingen bestens und 1895 kamen neue Geräte für den Ackerbau dazu; Interesse an dampfbetriebenen Traktoren bestand jedoch nicht. 1909 wurde Charles Brantingham Präsident der neu organisierten Firma, die jetzt den Namen Emerson-Brantingham trug.

Sie expandierte rasch und kaufte andere Firmen auf, unter anderem die Gas Traction Company, die den großen Big Four baute, ein echter Gigant unter den Traktoren. Emerson-Brantingham übernahm den Big Four 30, ein 9 526 kg schweres 4-Zylinder-Ungetüm mit 2 515 mm Raddurchmesser und 60 PS am Treibriemen. 1913 kam der

Nachfolger 45 mit 6-Zylinder-Motor, 10 433 kg schwer, mit 45 PS an der Zugstange und 90 PS am Treibriemen. Diesen Traktor gab es aber nur zwei Jahre. Nun hatte Emerson-Brantingham Reeves & Co. übernommen, die mit einem 40/65er dazukamen, den es bis 1920 gab.

Man erkannte, dass die Zeit der Riesenmaschinen ihrem Ende zuging, und 1916 kam der erste kleinere, von Emerson-Brantingham selbst entworfene Traktor Model L mit drei Rädern und 12/20 PS und Dreipflug-Zugkraft auf den Markt. Er wurde bald durch den Q 12/20 ersetzt, der bis 1928 gebaut wurde. 1918 kam der AA heraus, der fast eine Tonne weniger wog und deshalb trotz des gleichen Motors stärker war; auch der AA wurde bis 1928 gebaut.

Von 1917 bis 1919 wurden mehrere Traktoren hergestellt, die aber preislich keine Konkurrenz zu den Traktoren von Henry Ford waren. Die 20er-Jahre waren zu hart für Emerson-Brantingham, und die Firma wurde 1928 von J. I. Case gekauft, der die Produktion der Traktoren bald einstellte, aber weiterhin Geräte bauen ließ.

Das Model L war der erste kleine Traktor (mit drei Rädern, zwei vorne und einem hinten) von Emerson-Brantingham.

Der Xylon von Fendt war ein High-Tech-Systemfahrzeug mit Allradantrieb, einer drehbaren Kabine und 44-Gang-Getriebe.

FENDT

Fendt ist heute bekannt für die High-Tech-Innovation seines Automatikgetriebes und die Xylon-Traktoren. Doch alles fing ganz bescheiden an. Hermann Fendt kam aus einer Familie von Hufschmieden in Weimar und war selbst Mechaniker. 1928 – gerade mal 17 Jahre alt – baute Hermann Fendt eine Mähmaschine, die im Grunde nicht viel mehr war als ein stationärer Motor mit einem einfachen Getriebe, der auf Räder montiert war. Hieraus entwickelte er das Dieselross, ein Konzept, dem Fendt bis in die 60er-Jahre treu blieb.

Kurz nach der Mähmaschine wurde der erste Traktor gebaut. 1937 kam der F18 mit einer unabhängig laufenden Zapfwelle auf den Markt. Im darauf folgenden Jahr kam der F22 mit einem 2-Zylinder-Dieselmotor von Deutz und einem konventionellen Kühler. Während des Zweiten Weltkrieges entwickelte Fendt Traktoren, die mit fast jedem Treibstoff liefen.

Nach dem Krieg ging es mit voller Kraft weiter, und 1946 wurden 1 000 Dieselross-Maschinen gebaut. Danach begab man sich von Deutz weg zu MWM wegen ihrer Motoren; einer der letzten Fendts mit einem Deutz-Motor war der F18H mit einem 1-Zylinder-Dieselmotor mit 18 PS und einem Hubraum von 1,8 l. Daneben gab es das stärkere Dieselross F28, das von einem 2-Zylinder-Dieselmotor von MWM mit einem Hubraum von 2,4 l angetrieben wurde. Doch beide waren dem Dieselross-Konzept treu.

Inzwischen lief die Produktion der Kleintraktoren F12 und F15 auf Hochtouren: Bis 1955 hatte Fendt 50 000 Traktoren gebaut und 10 Jahre später waren es 150 000.

Fendt baute lange auch konventionelle Traktoren mit Allradantrieb, wie diesen 309LSA. Das Besondere war das stufenlose Turbomatik-Getriebe, bei dessen Entwicklung Fendt Vorreiter war.

Mitte der 90er-Jahre wurde der 500 000ste Traktor gebaut. 1958 bewegte man sich langsam vom Konzept des Dieselrosses weg mit dem Bau des 1-Zylinder-Traktors Fix, des 2-Zylinder-Traktors Farmer und des 3-Zylinder-Traktors Favorit.

Ein technischer Durchbruch gelang 1968 mit der Turbomatik, die ein stufenloses Automatikgetriebe ermöglichte. Zu diesem Zeitpunkt baute Fendt stärkere Traktoren mit 6-Zylinder-Motoren von MAN.

1979 kam einer der stärksten Traktoren auf den Markt: der Favorit 626 mit 262 PS, der auch mit einem MAN-Motor ausgestattet war. Ab 1980 gab es die kleineren Traktoren der Farmer-Serie mit Turbomatik, gefederter Kabine und Allradbremsen. Mitte der 90er-Jahre war Fendt mit 17 % Anteil Marktführer in Deutschland. Doch mit 10 000 Traktoren pro Jahr war Fendt immer noch klein im Vergleich zu Herstellern anderen Länder. Damit war die Firma natürlich finanziell nicht so sicher, und 1997 wurde sie von der riesigen AGCO Corporation aufgekauft. AGCO hatte Interesse in erster Linie wegen zwei neuer High-Tech-Serien der 90er-Jahre: Eine davon war der Fendt Xylon. Er war ein Systemfahrzeug, das vorne und hinten gleichzeitig Anhänger haben konnte. Er konnte vier Funktionen gleichzeitig erfüllen. Mit Allradantrieb und fast gleich großen Rädern wurde der Xylon

von einem Turbo-Intercooler-4-Zylinder-Dieselmotor von MAN betrieben, der es auf 140 PS brachte. Er verfügte über eine Variofill-Turbokupplung. Das komplexe Getriebe bot 44 Geschwindigkeiten (20 Kriechgänge und 24 für andere Aufgaben). Der Xylon konnte 50 km/h auf der Straße fahren. Mit gefederter Vorderachse, einer schallgeschützten Kabine und Allradbremse war der Xylon ein durch und durch moderner Traktor.

Der andere wichtige Traktor der 90er-Jahre war der Favorit Vario, der 2002 nochmals stark verbessert auf den Markt kam und der einzige Traktor dieser Größenordnung mit stufenlosem Automatikgetriebe war. Fendt hatte es seit dem Dieselross weit gebracht.

Der junge Fahrer macht eine Probefahrt mit dem allradangetriebenen Farmer von Fendt.

FERGUSON

Harry Ferguson schrieb Traktorengeschichte! Die Dreipunktkupplung, die er in den 20er-Jahren erfand, war ein Meilenstein in der Traktorentechnologie und ist bis heute Bestandteil fast jedes Traktors. Wie auch Henry Ford gilt Harry Ferguson als einer der Pioniere moderner landwirtschaftlicher Traktoren.

Ferguson verfügte über eine seltene Kombination von Talenten: Er war ein genialer Erfinder und Ingenieur und ein gerissener Geschäftsmann dazu. Er erfand nicht nur die Dreipunktkupplung und später Allradantrieb für Autos, er stellte seine Traktoren in Massenproduktion her und machte damit Profite. Aber er war auch eigensinnig und schwierig, und es überrascht nicht, dass die wichtigsten Geschäftsbeziehungen während seiner Zeit im Traktorengeschäft mit David Brown, Ford und Massey-Harris in Bitterkeit und gegenseitigen Beschuldigungen endeten.

Harry Ferguson war ein Bauernsohn und kannte all die Schwierigkeiten auf einem kleinen Bauernhof gut genug, um zu wissen, dass er dort nicht bleiben wollte. So ging er nach Belfast in Nordirland und half seinem Bruder in einem Radreparaturgeschäft. Seine Begabung für mechanische Vorgänge war enorm, und schon bald reparierten die Brüder Automobile, was wiederum zu Harrys Interesse an Autorennen führte. Außerdem war er 1909 der erste Mann in

OBEN UND MITTE

Der Ferguson-Brown war das Gemeinschaftsprojekt von Harry Ferguson und David Brown.

LINKS

Hier wird die Dreipunktkupplung von Ferguson vorgeführt. Sie war ein echter Meilenstein im Traktorendesign.

Irland, der seine eigene Flugmaschine gebaut und geflogen hatte.

Talentiert wie er war, hätte Ferguson als Ingenieur sicher in jeder Branche Erfolg haben können, doch der Erste Weltkrieg erweckte sein Interesse an Traktoren wieder. Großbritannien stand unter einer Einfuhrblockade für Getreide und musste unbedingt mehr anbauen. Fergusons Geschäftssinn trat wieder in den Vordergrund, und er vertrieb den Traktor Waterloo Boy durch die Werkstatt in Irland. Schon bald verkaufte er ihn überall in Irland und Großbritannien.

Ferguson wurde nahe gelegt, die Bauern persönlich zu besuchen und in die neu erworbenen Traktoren einzuführen, was wiederum sein Interesse an landwirtschaftlichen Arbeitsgeräten weckte; vor allem daran, wie man diese an den Traktor

Nachdem Harry Ferguson sich sowohl mit David Brown als auch mit Henry Ford überworfen hatte, baute er eine Serie von Traktoren in den Fabriken in Coventry und Detroit. Dies ist der TE20.

Dieser T20 mit Dieselmotor hatte Stahlketten an den Hinterreifen, die die Bodenhaftung verbesserten.

Ende der 20er-Jahre war die Kupplung dann perfekt ausgereift mit drei Befestigungspunkten und Hydraulik. Der dritte Befestigungspunkt sorgte für automatische Zugwiderstandsregelung.

Die Kombination von Zugwiderstandsregelung, Hydraulik, größerer Effizienz und Stabilität war ein enormer Fortschritt.

Um sein System unter idealen Bedingungen vorführen zu können, entwarf Ferguson einen passenden Traktor dazu. Der Ferguson Black mit Hercules-Motor und Getriebe von David Brown sah ungewöhnlich aus. David Brown war beeindruckt von Traktor und Kupplung und es kam zu einer Partnerschaft, wobei David Brown den Ferguson Type A, auch Ferguson-Brown genannt, bauen sollte, während Ferguson für den Verkauf zuständig war. Der Traktor wurde ab 1936 gebaut und hatte einen 20 PS starken Coventry-Climax-Motor und drei Gänge. Dank der Dreipunktkupplung konnte er größere Traktoren mit stärkeren Motoren spielend überrunden.

Aber er war auch teurer als die meisten anderen Traktoren. Was allerdings noch schlimmer war, war die Tatsache, dass man mit dem Ferguson-Brown auch ein komplettes Set von Anhängern kaufen musste, die an die damals noch einmalige Dreipunktkupplung angehängt werden konnten. Es kam zu Streitigkeiten zwischen Ferguson und Brown, die sich gegenseitig anklagten, an der Misere schuld zu sein. Die Probleme führten dazu, dass David Brown selbst einen Traktor entwickelte, den VAK, und das hinter Fergusons Rücken. Doch Harry Ferguson ging ebenfalls eigene Wege und reiste heimlich mit einem Traktor und einem Pflug in die USA, um Henry Ford sein System vorzustellen. Dieser war beeindruckt, und die beiden Männer besiegelten

Nett, einfach und fachmännisch: der allgegenwärtige kleine graue Fergie.

Der Ferguson TEA20 wurde von einem Automobilmotor angetrieben.

Der TO (Tractor Overseas) war die amerikanische Version des Fergie und wurde in Detroit gebaut.

sofort eine Partnerschaft per Handschlag: Ford sollte einen neuen, leichten Traktor entwerfen und bauen, der perfekt zur Dreipunktkupplung passen würde, und Ferguson würde ihn vertreiben (siehe unter Ford).

Das war natürlich das Ende der Partnerschaft von Ferguson und David Brown. Doch auch die neue Geschäftsbeziehung ging nur bis 1947, nachdem allerdings Tausende von Ford9Ns und 8Ns gebaut worden waren. Ford verlor mit jedem Traktor, den er baute, Geld. Er durfte sie nur über Ferguson vertreiben, der ein Riesengeschäft damit machte, dass er die passenden Zusatzgeräte verkaufte. Ford schließlich kündigte die Partnerschaft einseitig mit Wirkung ab Juli 1947. Ferguson verklagte ihn auf 340 Millionen US-$, doch nach drei Jahren Rechtsstreit bekam er „nur" 9,25 Millionen US-$.

Das Ende der Partnerschaft war also keine Katastrophe für Ferguson, und er baute

schon bald den ersten Traktor, der das Ferguson-Label trug. Dies geschah in Kooperation mit der Standard Motor Company, die eine große Fabrik in Coventry hatte. Es ging weiter mit dem Bau des TE20, wobei Ferguson hier für Design und Marketing verantwortlich war. Der TE20 (TE stand für Tractor England) war übrigens in keiner Weise neu. Er ähnelte in Konzept und Stil den Traktoren der Ford-N-Serie. Er hatte sogar einen Motor aus Amerika, bis Standard selbst einen modernen 4-Zylinder-Motor mit 25 PS bei 2 000 U/min und 1,8 l Hubraum baute.

Das war der „kleine graue Fergie", mit dem Generationen von Landwirten in Europa gut vertraut sind. 1951 kam eine Version mit Dieselmotor.

Der FE35 war eine aufgerüstete Version des T20.

Ein TE20 in den Farben der Verwaltung von Surrey und mit Reifen, die für das Fahren auf Gras entwickelt worden sind.

Nun war Harry Ferguson so weit, dass er es mit seinem ehemaligen Partner Ford in dessen Heimatland aufnehmen wollte. Zunächst wurde der TE20 in die USA exportiert, doch schon bald gab es neue Pläne, die rasend schnell verwirklicht wurden: Ferguson kaufte im Januar 1948 Land in der Nähe von Detroit, begann im Februar mit dem Bau einer Fabrik und fuhr fünf Monate später den ersten TO20 vom Band! Der TO20 (TO stand für Tractor Overseas) war eine amerikanisierte Version des TE20.

Harrys Geschäfte gingen auf beiden Seiten des Atlantiks hervorragend. Der TO20 wurde bald zum TO35 aufgerüstet mit stärkerem Motor, 6-Gang-Getriebe und verbesserter Hydraulik. (Nach dem Zusammenschluss mit Massey-Harris wurde er vergrößert und als Massey-Harris 50 verkauft.) Inzwischen hatte auch der TE20 einen 3-Zylinder-Dieselmotor von Perkins.

Der Ferguson TED20 mit Dieselmotor.

Ein Prototyp Ferguson 60 wurde in Irland entworfen mit dem Plan, dass Ferguson sich in den Vier-/Fünf-Pflug-Markt begeben könnte. Der Prototyp hatte ein 5-Gang-Getriebe, patentierte Zweifachkupplung, eine Zapfwelle mit zwei Geschwindigkeiten und verbesserte Hydraulik. Doch nach drei Testjahren, die sehr vielversprechend waren, wurde der TE60 aufgegeben, da Massey-Harris ihn für unbrauchbar für den nordamerikanischen Markt hielt.

In Wahrheit war der „Zusammenschluss" von Ferguson und Massey-Harris 1953 eher eine Übernahme. Harry Ferguson stieg aus dem Geschäft aus, als ihm klar wurde, dass er die Fäden nicht mehr in der Hand hatte. Er gründete später eine Forschungsgesellschaft, die sich mit der Entwicklung von Allrad-Systemen für Autos und Rennwagen beschäftigte. Er war sicher ein schwieriger Mensch mit vielen Fehlern, aber er hat die Welt auch um einiges bereichert.

RECHTE SEITE UND UNTEN
Der Ferguson 35 Diesel mit der Dreipunktkupplung, die Harry Ferguson reich gemacht hatte.

Ferguson-35

RECHTE SEITE UND UNTEN

FIAT baute verschiedene Raupenfahrzeuge für Bau und Landwirtschaft. Der 702er (unten) war FIATs erster Traktor für die Landwirtschaft.

FIAT

Nicht viele assoziieren FIAT mit Traktoren, doch die italienische Firma gehörte viele Jahre zu den größten Traktorenherstellern mit Fabriken in der ganzen Welt. In den 80er-Jahren baute FIAT 100 000 Traktoren pro Jahr, und die Firma übernahm Ford-New Holland; doch schon davor war FIAT der größte Hersteller in Europa und der fünftgrößte weltweit gewesen! FIAT war tatsächlich so groß, dass wegen Kartellgesetzen einige Fabriken verkauft werden mussten, bevor der Zusammenschluss mit Case zu CNH Global stattfinden konnte, da man Monopolisierung befürchtete.

Doch alles fing bescheiden an. 1899 gründete Giovanni Agnelli mit einigen Geschäftsmännern eine Firma, um diese

Dieser 500 Special von FIAT wurde nicht so berühmt wie sein Namensvetter, das Auto FIAT 500. Er war ein typischer FIAT-Traktor Ende der 60er-Jahre.

neumodischen Automobile zu bauen. Die Fabbrica Italiana di Automobili Torino (FIAT) machte gute Geschäfte und erweiterte unter Agnellis Führung die Produktpalette unter anderem um Lastwagen, Flugzeuge und Motoren für die Seefahrt. Der erste Traktor wurde 1910 mit Unterstützung der italienischen Regierung gebaut, die endlich einen heimischen Traktor sehen wollte. Doch der Erste Weltkrieg verzögerte die Arbeit daran, und erst acht Jahre später konnte ein Prototyp vorgestellt werden. Nach etwa einem Jahr ging der FIAT 702 in Produktion und war damit der erste italienische Traktor für die Landwirtschaft überhaupt. Der 702er war eine Mischung aus alt und neu.

Sein 4-Zylinder-Motor kam direkt aus dem 3,5-Tonnen-Lastwagen von FIAT. Er hatte 6,2 l Hubraum und brachte es auf 30 PS bei 900 U/min mit Benzin und 25 PS mit Kerosin.

1924 gab es eine aufgerüstete Version mit 35 PS, den 702B. Der 702er wurde in europäische Länder und nach Nord- und Südamerika exportiert. Der 702er war sehr erfolgreich, da er verlässlich und stabil war. Er war allerdings teurer als die Kleintraktoren von Fordson. So kostete ein FIAT in Großbritannien 595 Pfund, ein Preis, zu dem man fünf Fordson kaufen konnte.

In den 20er-Jahren wurden verschiedene Traktoren mit Benzin- und Dieselmotoren gebaut, doch erst das 700C-Raupenfahrzeug von 1932 wurde zu einem großen Erfolg für FIAT. Der Erfolg wurde noch verstärkt durch den Aufkauf der Traktorenhersteller Ansaldo, Ceriano, SPA und OM. FIAT übernahm auch das Boghetto-Design des Diesel, bei dem der Motor mit Benzin gestartet wird und nach dem Aufwärmen auf Diesel umschaltet.

FIAT produzierte während des Zweiten Weltkrieges weiter, war aber viel erfolgreicher mit den Kleinwagen als mit dem Verkauf von Traktoren. 1945 wurden gerade mal 32 Traktoren von FIAT verkauft und 1946 waren es etwas mehr als 200. Italien war immer noch ein Land der kleinen Bauernhöfe, und die meisten Traktoren waren zu groß und zu teuer. Also warum nicht das Fachwissen von den erfolgreichen Autos auf Traktoren übertragen? Warum nicht einen FIAT 500 für das Feld bauen?

Und so geschah es. Der 600er-Traktor mit 18 PS kam 1949 heraus und war ein

FIATS Angebot umfasste Raupenfahrzeuge, Kleintraktoren und Großtraktoren mit Allradantrieb. Die breite Palette bewies sowohl die Dominanz der Firma auf dem heimischen Markt als auch die Stärke im Export. Dies ist ein 505C-Montagna-Raupenfahrzeug.

Riesenerfolg. Noch im selben Jahr wurden 4 000 Stück verkauft, 1953 waren es 12 000 und Ende der 50er-Jahre über 20 000. Später gab es „La Piccola", wie er liebevoll genannt wurde („die Kleine", Anm. d. Übersetzerin), auch mit Dieselmotor. Zwischen 1956 und 1958 wurden 20 000 La Piccolas verkauft. Exporte liefen ebenfalls gut, und aus einer Partnerschaft mit SIMCA in Frankreich Anfang der 50er-Jahre entstand der SOMECA-Traktor. In den nächsten zwei Jahrzehnten wurden Fabriken in Rumänien, der Türkei, Jugoslawien und Argentinien gebaut.

Das Angebot war riesig und umfasste Raupenfahrzeuge, Fahrzeuge mit Allradantrieb und Traktoren in allen Größen (außer Großtraktoren). Es gab die DT-Serie mit dem allradangetriebenen 1000DT (FIATs erster 100-PS-Traktor auf Rädern) und den 1300DT mit 150 PS. Exporte in die USA wurden zu dieser Zeit erleichtert durch den Aufkauf des Geräteherstellers Hesston, bzw. wurden FIAT-Traktoren eine Zeit lang unter dem Namen Hesston in den USA verkauft.

1980 baute FIAT seinen 500 000sten Traktor. 1985 hielt die Firma nach eigenen Angaben 45 % des heimischen Marktes und 13 % des Weltmarktes. Nun wurde die 90er-Serie herausgebracht mit einer Bandbreite von 55 bis 180 PS. 1991 kaufte FIAT Ford-New Holland auf, was dazu führte, dass die Ford-New Holland-70er-Serie in manchen Ländern als FIAT-G-Serie verkauft wurde – aber ob nun FIAT-Rot oder New Holland-Blau – die Traktoren waren identisch. Auch die Serie von Kleintraktoren, FIAT L, wurde als New Holland 5635 verkauft. Heute ist FIAT einer der Hauptaktionäre der riesigen CNH-Global-Gruppe und damit größer als je zuvor.

RECHTE SEITE
Lassen Sie sich von dem New Holland-Logo nicht täuschen: dies ist ein FIAT der L-Serie, die auch als New Holland verkauft wurde.

FIAT baute selbst Großtraktoren, unter anderem diesen 100-90. Anfang der 80er-Jahre verkaufte die Firma auch Großtraktoren von Versatile unter dem FIAT-Label.

5635 NEW HOLLAND
LOTUS

FORD

Als Henry Ford 1928 seine Traktorenherstellung in Amerika einstellte (siehe Fordson), dachten viele verständlicherweise, dass er dem ganzen Geschäft nun den Rücken kehren würde. Er hatte mehr erreicht als viele andere mit der Entwicklung und Herstellung des ersten billigen massenproduzierten Traktors der Welt. Er hatte außerdem seinen Traum verwirklicht, zahllose Bauernhöfe in Amerika zu mechanisieren. Vielleicht war es Zeit, sich wieder der Herstellung von Automobilen zuzuwenden?

Weit gefehlt. Henry war ein Bauernsohn – er hatte es einfach im Blut – und der Transfer von der Traktorenherstellung von Amerika zunächst nach Irland und dann nach England war nur eine vorübergehende Maßnahme. Während der 30er-Jahre entwickelten er und seine Ingenieure Prototypen für Traktoren. Ford wollte so schnell wie möglich wieder in die Traktorenherstellung zurück. Und zu dieser Zeit kam Harry Ferguson ins Spiel. Die beiden Männer verstanden sich auf Anhieb, denn sie hatten viel gemeinsam. Beide fühlten sich dem Land verbunden, beide waren Ingenieure und Geschäftsmänner zugleich und beide waren praktisch veranlagt. Als Ferguson 1938 seine Dreipunktkupplung vorstellte, war Ford begeistert und eine Geschäftsbeziehung wurde per Handschlag besiegelt. Ford erklärte sich bereit, einen neuen Traktor mit Dreipunktkupplung zu bauen, und Ferguson sollte ihn verkaufen. Es ging um Millionen Dollar, aber es gab keine Verträge, keine Anwälte, nur ein Händedruck von zwei Männern, die sich verstanden. Es schien eine mutige Geste, endete aber leider in einem Rechtsstreit über viele Millionen Dollar.

Doch zunächst entwarf das Team von Ford ohne Verzögerung den neuen Traktor mit Dreipunktkupplung. Im Juni 1939, nach nur acht Monaten, war der 9N in Produktion; er war genauso innovativ, wie das

Die Schöpfer mit ihrem Meisterwerk. Von links nach rechts: Harry Ferguson, der Ford 9N und Henry Ford.

Model F 20 Jahre früher gewesen war. Er war niedrig gebaut mit einem niedrigen Schwerpunkt und wurde Vorreiter eines neuen Traktortyps: des Allzwecktraktors. Alles war darauf ausgerichtet, dass er bequem, sicher und benutzerfreundlich war. Der 4-Zylinder-Motor mit 2 l Hubraum basierte zur Hälfte auf einem Ford-V 8-Automobilmotor, wodurch Zeit und Geld gespart wurde. Er lief ruhig und zuverlässig. Es gab einen elektrischen Anlasser und Luftreifen aus Gummi. Der Erfolg des 9N basierte auch auf der Tatsache, dass er leicht war (1 061 kg) und deshalb viel aus seinen bescheidenen 23 PS herausholen konnte. Und dank der Dreipunktkupplung von Ferguson konnte er stärkere und größere Traktoren locker übertrumpfen. Außerdem kostete er in Amerika nur 585 US-$.

Die Landwirte waren glücklich, dass sie wieder einen Traktor von Ford kaufen konnten, und in den ersten sechs Monaten wurden 10 000 9Ns verkauft. 1941

Der 2N von Ford war die bescheidene Kriegsausgabe des 9N. Der 2N hatte ursprünglich weder Elektrik noch Gummireifen, doch viele 2N wurden später aufgerüstet: so auch der hier abgebildete.

wurden 40 000 verkauft. Während des Krieges gab es eine vereinfachte Version, den 2N, doch 1946 wurde der 9N wieder wie vorher gebaut – 74 000 Stück waren es in diesem Jahr.

Leider war die Herstellung des Traktors nicht so profitabel wie der Verkauf, und während Ferguson viel Geld mit dem Verkauf der Traktoren und Zusatzgeräte machte, zahlte Ford beim Bau jedes Traktors drauf. Der ganzen Firma ging es schlecht, und als der Enkel von Henry Ford, Henry Ford II, die Geschäfte übernahm, kündigte er Ferguson die Zusammenarbeit, worauf Ferguson einen gewaltigen Rechtsstreit begann. Ford stellte bald eine aufgerüstete Version des 9N vor, den 8N mit 4-Gang-Getriebe, hydraulischer Hebeanlage und besseren Bremsen.

Der 8N war noch erfolgreicher als der 9N und 1948 wurden über 100 000 Stück verkauft – das war zehnmal mehr als der nächstbeste. Endlich machte Ford auch Profit mit seinen Traktoren.

Und noch etwas war anders geworden: Der Großvater Henry Ford hatte das Model F nur wenig verändert und das Spektrum der angebotenen Traktoren nicht erweitert. Sein Enkel sorgte nun für regelmäßige Updates und bot nach und nach auch eine komplette Bandbreite von Traktoren an. Erst 1953 kam der NAA als Nachfolger des 8N auf den Markt. Er hatte Fords ersten Traktormotor, Hydraulik und eine Zapfwelle. Im folgenden Jahr kamen die 600er- und 800er-Serien dazu. Die 600er-Serie basierte auf dem NAA, bot aber ein 5-Gang-Getriebe, während die 800er-Serie einen starken Motor mit 2,8 l Hubraum hatte. Erst 1954 kamen Ford-Traktoren für Reihenfruchtarbeiten: die 700er-Serie für zwei Pflüge und die 900er-Serie für drei Pflüge, die überwiegend auf der 600er- und 800er-Serie basierten. Es gab immer noch keinen Traktor mit Dieselmotor, doch dieser Mangel wurde durch den Import von Fordsons aus England ausgeglichen. Ab 1959 wurden in Amerika hergestellte Dieselmotoren in Traktoren eingebaut. Im selben Jahr kam auch das Select-O-Speed-Getriebe, das kein Erfolg wurde. Es war ein Vorreiter vom Lastschaltgetriebe und ermöglichte, alle zehn Gänge durchzuschalten, ohne den Traktor anzuhalten. Aber es war sehr unzuverlässig und schadete Fords Ruf. Dennoch wurde es bis Ende der 60er Jahre gebaut.

1961 war ein Jahr großer Veränderungen: Endlich kamen die amerikanischen und englischen Traktoren unter ein Dach. Das

„Weniger Arbeit, mehr Einkommen". Ford baute auch Zusatzgeräte für seine Traktoren, wie in dieser Anzeige abgebildet.

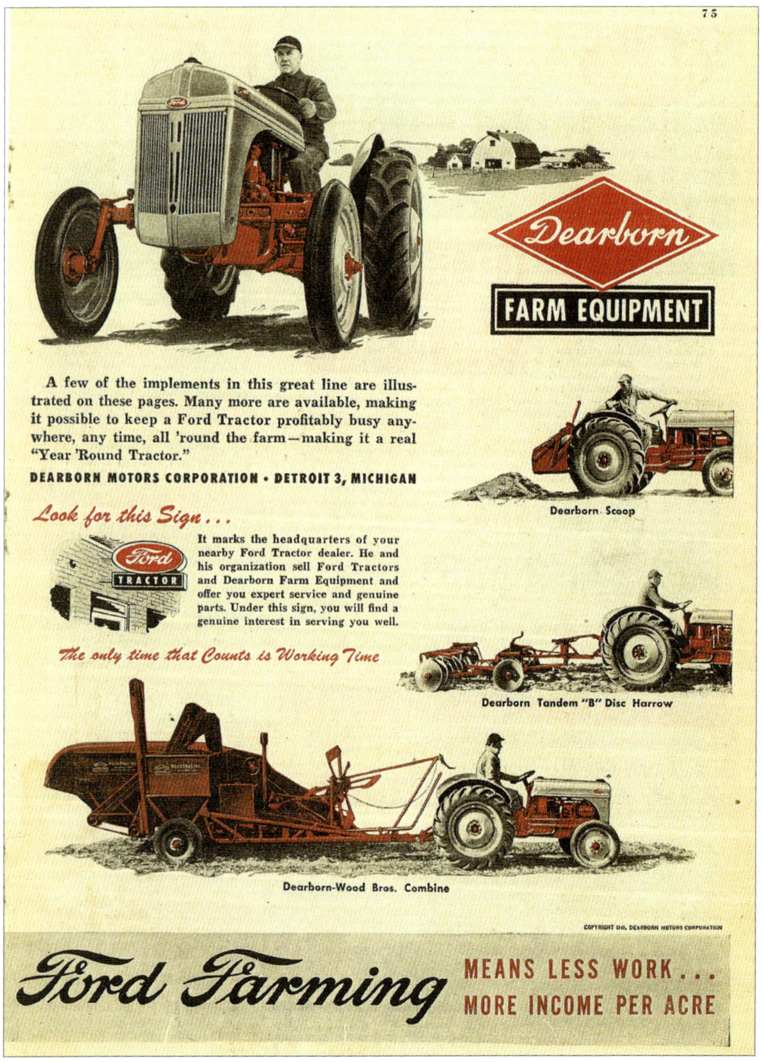

Fordson-Logo wurde aufgegeben, alle Ford-Traktoren trugen nun das gleiche Label und wurden in Fords Farben grau und blau gestrichen. Zu diesem Anlass bekamen alle Ford-Traktoren 1000er-Nummern: der kleine Fordson Super Dexta wurde zum Ford 2000 Diesel; die 600/700er wurden zu den 2000ern; die 800/900er wurden 4000er; der Fordson Super Major hieß nun Ford 5000. Außerdem gab es einen in den USA komplett neu gebauten 6000er mit 66 PS. Dies war Fords erster Großtraktor für Reihenfruchtarbeiten. Der 6000er kam mit einem 3,7-Liter-Benzinmotor und einem 4,0-Liter-6-Zylinder-Dieselmotor. Das einzige Getriebe war Select-O-Speed, was den 6000er zum Objekt vieler Reklamationen und Updates machte.

Die kleineren Traktoren wurden 1965 aktualisiert. Es gab ein 6- oder 12-Gang-Getriebe für die 2000er und mehr Leistung für die 4000er durch einen neuen 3-Zylinder-Motor. Ein neuer 3000er mit dem gleichen 3-Zylinder-Dieselmotor mit 37 PS füllte die Lücke zwischen den beiden.

1968 brachte Ford den 8000er heraus, seinen ersten Traktor mit 100 PS. Er war ein Traktor für Reihenfruchtarbeiten mit

Nett, kompakt, fortschrittlich und ein guter Arbeiter – der Ford 9N war sofort ein Verkaufsschlager.

1953 löste der NAA den 8N ab. Er hieß auch „Golden Jubilee", denn im selben Jahr feierte Ford sein 50-jähriges Bestehen im Traktorengeschäft.

einem neuen 6-Zylinder-Dieselmotor mit 6,6 l Hubraum und 8- bzw. 16-Gang-Getriebe. Er soll im dritten von acht Gängen auf 106 PS an der Zapfwelle und 87 PS an der Zugstange gekommen sein. Der Traktor wog 4 527 kg und war nicht gerade sparsam im Verbrauch. Ein Jahr später kam der 9000er mit Turbolader.

Die 1000er-Serie gab es noch zu Beginn der 70er-Jahre, doch inzwischen hatte Henry Ford auch den wachsenden Markt für Kleintraktoren erkannt, die immer beliebter wurden und überwiegend von japanischen Herstellern gebaut wurden. Ford importierte 1973 seinen ersten Kleintraktor aus Japan, den 1000er mit 2-Zylinder-Dieselmotor und 23 PS. Er war so erfolgreich, dass Ford gegen Ende der 70er-Jahre eine ganze Serie anbot, die vom 1100er mit 11 PS bis zum 1900er mit 27 PS reichte.

1973 wurde der große 8000er zum 8600er mit 111 PS an der Zapfwelle und der 9000er zum 9600er mit 135 PS aufgerüstet. Doch diese großen Traktoren konnten es immer noch nicht mit den Allrad-Hochleistungstraktoren aufnehmen. Um diese Lücke zu füllen, verkaufte Ford ab 1978 Traktoren von Steiger unter dem

OBEN

In den 50er-Jahren erkannte Ford, dass er mehr als einen Traktortyp anbieten musste. Hier der Ford 501 Workmaster.

LINKS

Der Ford 4000 war einer der neuen Traktoren nach dem Zusammenschluss von Ford und Fordson 1961. Er war ein aufgerüsteter 800/900er.

OBEN
Mit dem 6000er (66 PS) kam Ford in den Markt der leistungsstarken Traktoren für Reihenfruchtarbeiten. Doch das Select-O-Speed-Getriebe sollte ihm viel Kummer bereiten.

RECHTE SEITE
Der 8000er war Fords erster Traktor mit 100 PS.

Namen Ford. Der Ford FW-20, FW-30, FW-40 und FW-60 brachten es auf 210, 265, 295 und 335 PS, dank der verwendeten Cummins-V8-Dieselmotoren. Die Zusammenarbeit hielt nur vier Jahre, und bald gab Ford die großen FWs auf. Doch schon fünf Jahre später begab Ford sich wieder in den Markt der Großtraktoren, als er die kanadische Firma Versatile aufkaufte.

1979 wurden die 8/9700er durch die TW-Serie ersetzt. Alle Traktoren dieser Serie nutzten den 6-Zylinder-Dieselmotor (6,6 l), der 1968 für den 8000er entwickelt worden war. Nun war er mit Turbo-Intercooler ausgestattet.

1985 kaufte Ford den Gerätehersteller New Holland, wodurch Ford über noch mehr Traktoren und Maschinen verfügte. Doch zur gleichen Zeit verkündete man den Rückzug aus der Traktorenherstellung in den USA. Kleinere Traktoren sollten künftig in der Fabrik in Basildon, England, gebaut werden, größere in Antwerpen.

Ford versuchte eindeutig, sich elegant aus dem Traktorengeschäft zurückzuziehen. Aber zunächst einmal wurde 1987 die

FORD
FORD 8000

RECHTS

Der Turbolader machte aus dem 8000er (100 PS) den 9000er (131 PS), bis dahin der leistungstärkste Traktor von Ford.

RECHTE SEITE UNTEN

Der 7840er gehörte zu den mittelgroßen Traktoren der 40er-Serie. Der Stärkste war der 8340er mit 106 PS, der ebenso wie der 7840er mit einem 6-Zylinder-Motor lief.

GANZ LINKS

In den 80er-Jahren kam die 10er-Serie, die Fords kleinere bis mittelgroße Traktoren umfasste, die nun alle mit Kabine und Allradantrieb angeboten wurden.

LINKS

Die 40er-Serie gehörte zu Fords erfolgreichsten Traktoren in den 90er-Jahren.

1983 wurden Fords Großtraktoren zur TW-Serie aufgerüstet. TW-15 wurde von einer Turbo-Version des 6,6-Liter-Dieselmotors angetrieben, der es auf 121 PS brachte.

Versatile Farm Equipment Company übernommen, wobei die existierenden Versatile Traktoren zu Ford Versatile im Ford-Blau wurden.

Kleintraktoren wurden immer raffinierter, und Ford brachte eine 20er-Serie heraus. Alle Traktoren vom 1120er bis zum 1520er hatten ein hydrostatisches 9-Gang-Getriebe.

Erst 1991 machte Ford ernst mit seinem Rückzug und verkaufte 80 % von Ford-New Holland-Versatile an FIAT in Italien. Drei Jahre später kaufte FIAT-Geotech, wie die Traktorenhersteller jetzt hießen, die übrigen 20 %. Doch FIAT war verpflichtet, den Namen Ford bis zum Jahr 2000 als Produktnamen zu nutzen, was aber immer seltener geschah.

FORDSON

Henry Fords Model F, der zum ersten Mal 1917 verkauft wurde, leitete eine ganz besondere Ära der Traktorengeschichte ein. Vielleicht war er der wichtigste Traktor, der jemals gebaut wurde, doch nicht wegen technischer Innovation, die zwar bemerkenswert war, aber nicht gerade revolutionär. Nein, es war der günstige Preis, die Tatsache, dass man sich den Traktor leisten konnte. Das war unter anderem darauf zurückzuführen, dass er in Massenproduktion hergestellt wurde. Am Anfang kostete das Model F 750 US-$, doch der Preis ging – typisch für Ford – bald nach unten. Später kostete ein nagelneuer F noch 385 US-$, etwa ein Drittel des Preises vergleichbarer Traktoren anderer Hersteller. Ford schaffte es, den Preis auf 285 US-$ zu drücken, womit er nun für Tausende von Landwirten erschwinglich war, die davor von der Anschaffung eines Traktors nur träumen konnten.

Der F war nicht nur billig, er arbeitete auch auf Anhieb gut und zuverlässig. Dies

Lange vor der tatsächlichen Herstellung hatte Henry Ford Prototypen entwickelt und gebaut. Links oben der Automobil-Pflüger von 1906; rechts ein späteres Modell mit drehbarem Sitz; unten ein Prototyp-Traktor, der auf dem Automobil T basierte.

RECHTE SEITE

Der Traktor, der die Welt veränderte: der Fordson F.

war unter anderem darauf zurückzuführen, dass Henry Ford selbst auf einer Farm aufgewachsen war und die alltägliche Schikane der Landbearbeitung nur zu gut kannte. Mithilfe seines außerordentlichen Talents als Ingenieur sah er ganz klar, was die Kleinbauern brauchten. Darüber hinaus hatte er Zeit und Geld für die Entwicklung einer solchen Maschine, denn die Einkünfte des Automobils Model T waren erheblich und erlaubten ihm, seiner Leidenschaft im Traktorendesign zu frönen.

Der erste Prototyp war schon 1907 gebaut worden, zehn Jahre bevor das Model F in Serie hergestellt wurde. Angeblich wurden über 50 Prototypen gebaut und getestet, bevor der F fertig war. Nun musste noch ein Name gefunden werden. Man konnte die neuen Traktoren nicht Ford nennen, da dieser Name von Ford Tractor C. in Minneapolis genutzt wurde. Henry Ford gründete eine neue Firma, die er

UNTEN

Der Fordson N bot vielerlei Neuerungen wie Wasserpumpe, Drehzahlregler und Magnetzünder, aber er wurde in Amerika nie so erfolgreich wie Model F, das Original. Der N wirkte schon veraltet, als er herauskam.

Fordson

Der Super Major war der größte Fordson, der je in Degenham gebaut wurde.

Menschenfreund und wollte Russland nach der Revolution helfen. Er war ein Pazifist und dachte, dass eine produktive UdSSR eher willig sein würde, Frieden zu halten. Also wurden 26 000 Model F nach Russland befördert, und Tausende mehr wurden dort unter Lizenz gebaut. Man schätzt, dass um 1927 85 % der Traktoren und Lastwagen in der Sowjetunion von Ford waren.

In Amerika verkaufte sich der F in solchen Stückzahlen, dass viele Konkurrenten nicht mehr mithalten konnten. Manche spezialisierten sich auf andere Maschinen oder gaben ganz auf.

Viele Fordson N wurden von Roadless zu Raupenfahrzeugen umgebaut.

Natürlich war der F nicht perfekt. Er litt unter erheblichem Radschlupf, was die Leistung an der Zugstange verringerte. 1920 bei einem Test schnitt der F beim Energieverbrauch am schlechtesten ab. Durch sein geringes Gewicht und den niedrigen Radstand neigte er außerdem dazu, nach hinten zu kippen, was natürlich für den Fahrer extrem gefährlich war.

Aber er war zuverlässig und sehr preisgünstig, was für zahlreiche Bauern das Wichtigste war. In 11 Jahren wurden fast 750 000 Stück gebaut.

1928 stellte Ford die Traktorenherstellung in Amerika ein. Sein Automobil Model A, sehnsüchtig erwarteter Nachfolger für Model T, war fast fertig und Ford wollte die gesamte Produktion darauf konzentrieren. So wurde die Herstellung von Model F nach Cork in Irland verlegt – an den Ort, von dem Henrys Großvater einst nach Amerika ausgewandert war und wo die Arbeitslosigkeit immer noch groß war. (Sicher war das

Der Perkins-P6-Dieselmotor erweckte den Fordson E27N wieder zu neuem Leben. Über 20 000 Exemplare wurden gebaut; viele davon gingen nach Amerika.

Ganze auch eine Geste der Dankbarkeit an den Großvater.)

Der F wurde in seiner neuen Heimat zum N aufgerüstet: mit einem stärkeren Motor, stärkeren Vorderrädern, einer Wasserpumpe, einem Drehzahlregler und einem Hochspannungs-Magnetzünder, der die primitive Zündung des F ersetzte.

Leider lief die Fabrik in Cork nicht sehr gut, da sie von den Hauptmärkten in Großbritannien und Amerika zu weit entfernt war, außerdem mussten alle Rohstoffe importiert werden, was die Produktionskosten natürlich enorm erhöhte.

1933 zog Fordson nach Dagenham in England. Die hier produzierten Traktoren waren nun dunkelblau, während die in den USA gebauten Traktoren grau waren. Verkäufe in England waren gut, doch die Zahlen in den USA gingen bergab, da es inzwi-

Der Fordson Dexta wurde in Amerika später als Ford 2000 verkauft: Die Zeiten, in denen es Ford in Amerika und Fordson in Großbritannien gegeben hatte, waren vorüber.

Der Fordson E27 Major.

schen Konkurrenz durch den Farmall von International, den GP von John Deere und Traktoren von Allis-Chalmers gab. Ford versuchte etwas verspätet, diesen Traktoren mit dem Fordson All-Around Konkurrenz zu machen, aber dieser Traktor war kein Erfolg.

Von nun an teilt sich die Geschichte von Ford. In England gab es viel weniger Konkurrenz im Traktorengeschäft als in Amerika, und Ford baute in England seinen alten Fordson weiter. Während des Zweiten Weltkrieges wurden über 90 % der britischen Traktoren in der Fabrik in Dagenham gebaut.

1945 kam in Amerika der erfolgreiche 9N heraus, während in England das Model F zum E27N aufgerüstet wurde. Er hatte 27 PS und ein Schrägstirnrad-Ausgleichsgetriebe. Die Farbe der Traktoren wurde vom Grün der Kriegszeiten wieder zu Dunkelblau geändert. Schon bald gab es eine Dieselversion des E27N mit einem modernen Perkins-P6-Zylinder-Motor, der es auf 45 PS brachte. Es wurden 23 000 Stück verkauft; einige mit Dieselmotor wurden sogar nach

Amerika exportiert, wo sie unter dem Namen Major verkauft wurden.

Nachfolger des E27N war der New Major, der 1952 herauskam. Er war ganz neu entwickelt worden und wurde mit Diesel- und Benzinmotor angeboten, die beide den gleichen Zylinderblock und die gleiche Zylinderkurbel nutzten. Der Diesel war mit 3,6 l etwas größer als der Benzinmotor mit 3,3 l.

Alle hatten ein 6-Gang-Getriebe (3 Gänge in zwei Bereichen), eine Dreipunktkupplung, aber keine Zugwiderstandsregelung. Danach folgten der Power Major, der Super Major und der New Performance Super Major, die alle in der Fabrik in England gebaut wurden, wobei der Super Major in Amerika als Ford 5000 verkauft wurde. Auch der kleinere Fordson Dexta wurde nach Amerika exportiert.

Dieses waren die letzten Traktoren mit dem Fordson-Label.

1961 führte Ford die englische und amerikanische Firma unter dem Namen Ford wieder zusammen.

Der Fordson Major.

RECHTS
Ab 1947 baute Garner Mini-Traktoren für Gärtnereien.

UNTEN
Ein früher Garner der Vorkriegszeit.

GARNER

Nach dem Zweiten Weltkrieg herrschten in England starke wirtschaftliche Einschränkungen, auf der anderen Seite brauchte das Land dringend neue Traktoren, um die alte Vorkriegsflotte abzulösen. Ein neues Konzept von kleinen Allzwecktraktoren war gefragt. Sie waren einfache 1-Zylinder-Maschinen,

die Anfang der 50er-Jahre, als es wirtschaftlich bergauf ging, wieder von der Bildfläche verschwanden.

Der Garner war einer dieser Traktoren. Er wurde ab 1947 in einer ehemaligen Lastwagenfabrik im Norden von London gebaut. Er wurde von einem 6 PS-JAP luftgekühlten Motor angetrieben und wurde schon bald um eine Allradversion mit 7 PS ergänzt. Als die Geschäfte gut gingen, wurden 15 Traktoren pro Woche gebaut. Als die Nachfrage zurückging, konzentrierte Garner sich auf den Bau von Anhängern und Traktorkabinen. Die Firma schloss 1968.

GIBSON

Gibson existierte nur ein paar Jahre, schaffte es aber, Traktoren in allen Klassen herzustellen. Die Firma wurde 1946 von Wilbur Gibson gegründet, dessen Vater ursprünglich Triebwagen gebaut hatte, aber bereits begonnen hatte, sich für Traktoren zu interessieren.

In Longmount nahe Denver wurde eine Fabrik gebaut. Der erste Gibson-Traktor war Model A mit einem 1-Zylinder-luftgekühlten Wisconsin-Motor, der mit 6 PS angetrieben wurde. Wie alle kleinen Gibsons wurde er mit Hebeln gelenkt, wobei auch eine Version mit konventionellem Lenkrad angeboten wurde. Model A wog nur 397 kg, hatte ein 3-Gang-Getriebe und unabhängige Hinterradbremsen.

Bald kam der 2-Zylinder-Traktor Super D2 dazu. 1948 kündigte Gibson seinen ersten großen 4-Zylinder-Traktor an, den H, der von einem Hercules-Motor mit 25 PS am Treibriemen angetrieben wurde. Schließlich gab es Model I mit 6-Zylinder-Motor und 40 PS am Treibriemen, der 2- und 3-scharige Pflüge ziehen konnte.

Model I kam mit dreieckigem Fahrzeugvorbau, Model IFS mit Festachse vorne und Model IFA hatte eine einstellbare Vorderachse. Von jedem dieser Traktoren wurden höchstens 500 Stück gebaut. Doch man schätzt, dass etwa 50 000 kleine Gibson-Traktoren auf den Markt kamen.

1952 wurde Gibson von Helene Curtis Industries übernommen. Zu diesem Zeitpunkt wurden bereits keine Traktoren mehr gebaut.

Gibson baute nur sechs Jahre lang Traktoren und wurde nie bekannt. Doch in der kurzen Zeit wurde vom 1-Zylinder-Mini-Traktor bis zum großen 6-Zylinder-Model I alles angeboten.

GRAHAM-BRADLEY

Die Graham-Brüder wandten sich 1938 der Traktorenherstellung zu, nachdem die Verkaufszahlen der Graham-Paige-Automobile nach unten gegangen waren.

Der Traktor von Graham-Bradley war ein kurzlebiger Versuch der Gebrüder Graham, einen neuen Markt zu erobern, als es mit dem Verkauf der Graham-Paige-Automobile bergab ging. Sie hatten als Bauern angefangen, dann eine Zeit lang Flaschen hergestellt und danach Karosserien gebaut. 1919 kam der Lastwagen der Graham-Brüder auf den Markt, der aber 1926 an Dodge verkauft wurde.

Das nächste Projekt war eine Automobilfabrik, in der sie Graham-Paige-Automobile bauten. Doch die Verkaufszahlen gingen rapide bergab, und deshalb hofften die Graham-Brüder 1938 auf eine Chance im Traktorengeschäft. Um vorhandene Ressourcen zu nutzen, wurde der Graham-Bradley 32 mit dem 6-Zylinder-Motor des Automobils ausgestattet. Er hatte außerdem ein 4-Gang-Getriebe, einen elektrischen Anlasser, Gummireifen, Zapfwelle und ein hydraulisches Hubwerk.

1939 wurde der 32er durch den 104er abgelöst, der den gleichen Motor hatte, aber einen größeren Geschwindigkeitsbereich von 1 bis 32 km/h, was relativ hoch war für die damalige Zeit.

Doch die Verkaufszahlen waren enttäuschend, und die Produktion wurde 1941 eingestellt. Die Fabrik wurde für andere Zwecke genutzt und die Graham-Brüder wandten sich Immobiliengeschäften zu – ein Rückzug aus dem Geschäftsleben kam nicht infrage.

GRAY

In den Anfängen der Traktorenherstellung gab es viele Versuche, die Zugleistung zu erhöhen und den Druck auf den Boden zu verringern. Viele Firmen experimentierten mit Allradantrieb, während Holt und Best (aus denen später Caterpillar wurde) Raupenfahrzeuge erfanden. Der Traktor von Gray bot eine völlig andere Lösung: Die Hinterreifen waren sehr breit mit besonders großer Spurweite. Bei späteren Modellen wurden die Hinterräder durch eine einzige Walze ersetzt.

Es war nie die Absicht von W. Chandler Knapp gewesen, im Traktorengeschäft aktiv zu werden; er wollte nur eine nützliche Maschine für seine Obstplantagen haben. 1908 baute er seine erste Maschine, die im darauf folgenden Jahr mit den weit auseinander stehenden Hinterrädern ausgestattet wurde. Doch erst sechs Jahre später gab es den Gray-Traktor zum Verkauf. Inzwischen waren die zwei Räder durch eine 137 cm breite Walze mit geschlossenen Seiten ersetzt worden, in der sich kein Dreck sammeln konnte. Der 2-Zylinder-Motor war von einem Waukesha-4-Zylinder-Motor abgelöst worden.

1916 kamen der 15/25er und der 20/35er auf den Markt. Der 18/36er mit einem 7,8-Liter-Motor war der populärste. Doch leider war keiner der Traktoren wendig genug, da der Zwei-Ketten-Antrieb kein Ausgleichsgetriebe zuließ.

Die Firma wurde 1925 umstrukturiert, und danach gab es nur noch den 22-40er. 1933 wurde die Produktion eingestellt.

Der einmalige Traktor von Gray nutzte anstelle von Hinterrädern eine 137 cm breite Trommel; dadurch wurde der Boden geschont und die Haftung verbessert.

Es gab auch größere Traktoren von Guldner, die 2-Zylinder-Motoren nutzten, die Guldner selbst baute. Die leistungsstärksten Traktoren wurden aber durch Motoren von Perkins und Daimler-Benz angetrieben.

GULDNER

Guldner in Aschaffenburg fing als Hersteller von Motoren an und wandte sich erst später Traktoren zu. Die Firma wurde 1904 von Dr. Hugo Guldner (ein Freund von Rudolf Diesel) und Professor Carl von Linde gegründet. Unter der Regie dieser beiden Männer konzentrierte die Firma sich auf den Bau von Zweitaktdieselmotoren mit bis zu 500 PS. Erst später kamen Viertakter dazu.

Der erste Traktor von Guldner kam 1938 auf den Markt, ein 1-Zylinder-Dieselmotor mit 20 PS, der den kleinen Maschinen von Fendt ähnelte. 2-Zylinder-Traktoren folgten in Zusammenarbeit mit der Firma Deuliewag. Die meisten Maschinen bei Guldner wurden in Zusammenarbeit mit anderen deutschen Firmen hergestellt.

Nach dem Zweiten Weltkrieg waren die meisten Guldner-Traktoren 2-Zylinder-Maschinen. Der Europa, in Zusammenarbeit mit Fahr gebaut, kam 1959 heraus und hatte einen 15-PS-2-Zylinder-Spessart-Motor.

Zu dieser Zeit gab es auch größere Traktoren mit 3-Zylinder-Motoren von Perkins

und 4-Zylinder-Dieselmotoren von Daimler-Benz. Mitte der 60er-Jahre gab es eine breite Palette von Traktoren mit 50 PS, 75 PS und den G45 mit luftgekühltem Dieselmotor mit 45 PS (3,1 l).

Doch Guldner war 1962 mit Fahr zusammengegangen und wurde 1968/69 von Deutz übernommen, womit der Name Guldner verschwand. Die Firma hatte aber über 100 000 Traktoren gebaut.

Guldner spezialisierte sich auf kleine Allzwecktraktoren wie dieses Modell mit 15 PS.

HANOMAG

Die Hannoversche Maschinenbau hatte 1835 mit dem Bau von Maschinen begonnen, später kamen Dampflokomotiven und Schiffe hinzu, 1905 Lastwagen und 1912 Motorpflüge. Die ersten Traktoren wurden erst nach dem Ersten Weltkrieg gebaut. Es gab ein Raupenfahrzeug und einen Traktor auf Rädern. Sie liefen mit Benzinmotoren mit 25 PS. Doch schon bald kam ein diesel-

Der Hanomag R25. Trotz des eher konservativen Aussehens boten einige Traktoren von Hanomag neue Technologien. Die Firma stellte den ersten Dieseltraktor der Welt 1930 vor und stattete seine Traktoren in den 50er-Jahren mit Turbolader aus.

betriebener Traktor dazu. Im Grunde kann Hanomag von sich behaupten, 1930 den ersten echten Dieseltraktor angeboten zu haben! (Der Deutz von 1926 war nur ein Halb-Diesel.) Dieser Traktor hatte einen 4-Zylinder-Motor mit 5,5 l Hubraum, der es auf 40 PS brachte und die nächsten 35 Jahre gebaut wurde. Sechs Jahre später gab es eine 6-Zylinder-Version mit 8,9 l.

Hanomag war ein Pionier sowohl im Bereich des Kompressors (1953) als auch des Turboladers (1957) für Traktoren.

HAPPY FARMER

Trotz seines fröhlichen Namens hielt sich dieses Unternehmen nicht lange. Der Traktor gleichen Namens hatte einen horizontal in den Rahmen eingebauten 2-Zylinder-Motor mit 4,2 l Hubraum. Ungewöhnlich war, dass das Fahrgestell des Happy Farmers aus einer einzigen großen Röhre bestand. Wie auch beim Waterloo Boy, einem ähnlichen Traktor der Konkurrenz, waren die Zahnräder des Getriebes sichtbar. (Der Happy Farmer auf der Abbildung ist ein Vierrad-Traktor mit einem längs eingebauten Kühler.) Der Traktor kam 1916 auf den Markt; die H. E. Wilcox Motor Company sollte 500 Stück bauen und die La Crosse Tractor Company 1 500 Stück. Gegen Ende des Jahres (manche behaupten auch erst später) wurde die Produktion des Happy Farmers eingestellt, obwohl er als La Crosse bis 1921 überlebte.

Ein Traktorpionier mit einem lustigen Namen: Happy Farmer, zu Deutsch Glücklicher Bauer

HART-PARR

Der erste praktische Traktor mit Verbrennungsmotor in Amerika wurde nicht von einem der großen Unternehmen gebaut, sondern von zwei Studenten: Charles Hart und Charles Parr.

Beide studierten an der Universität von Wisconsin Ingenieurwesen und gründeten nach dem Studium die Hart-Parr Gasoline Engine Company in Iowa. 1901 bauten sie ihren ersten Traktor, führten ein Jahr lang Tests durch und produzierten 1903 15 Traktoren. Man sagt, dass Hart-Parrs Verkaufsleiter W. H. Williams den Namen „Traktor" geprägt hat.

Die ersten Hart-Parrs waren große, schwere Maschinen, die mehr zum Dreschen als zur harten Zugarbeit geeignet waren, da das Getriebe für die Ansprüche der zwei Zylinder nicht geeignet war. 1910 musste das Unternehmen über 100.000 US-$ für kostenlose Reparaturen an der Kurbelwelle ausgeben, da diese nicht richtig hitzebehandelt worden war.

Trotzdem genossen die riesigen Hart-Parrs mit ihrer niedrigen Umdrehungszahl einen guten Ruf, wie z. B. der 30/60 Old Reliable, der zwischen 1907 und 1918 gebaut wurde. Einer von Hart-Parrs größten Traktoren war der monströse 60/100er mit 16 Tonnen Gewicht und

Der Hart-Parr 12/24E war eine Neuentwicklung, die die ursprünglichen Schwergewichte verdrängte.

einem Raddurchmesser von 2,7 m. Die Zukunft lag allerdings in kleineren, leichteren Maschinen, was Charles Ellis, ein Geschäftspartner in dem Unternehmen, erkannte. Daraufhin traten Hart und Parr zurück. Der neue „Hart-Parr" (1918) war der 12/20er mit einem 2-Zylinder-Motor, einem konventionellen Kühler und mit vier Rädern. Hinzu kamen der 50 PS starke 15/30er Typ A und der kleinere 10/20er Model B, der 1924 mit dem verbesserten 12/24er Model E ersetzt wurde. Dieser Traktor wog nur 1 950 kg und hatte eine Scheibenkupplung. Eine besondere Ausführung stellte der 4-Zylinder 22/40er dar, der von zwei 10/20er-2-Zylinder-Motoren, die nebeneinander montiert waren, angetrieben wurde. Sie hatten individuelle Vergaser, aber einen gemeinsamen Magnetzünder. Später wurde der 28/50er mit zwei 12/24er-Motoren gebaut.

1929 brauchte Hart-Parr einen starken Partner und fusionierte mit der Oliver Chilled Plow Company und zwei weiteren kleineren Unternehmen zu Oliver Farm Equipment Co.

Der Hart-Parr 28/50er, der auf den zwei 12/24er-Motoren basierte. Später fusionierte das Unternehmen mit Oliver.

HATZ

Die deutschen Hatz-Brüder gründeten 1880 ein Unternehmen für die Herstellung von Motoren. Heute produziert die Firma industrielle Dieselmotoren. Die Firma stellte nur in den 50er- und 60er-Jahren Traktoren her.

Das Unternehmen produzierte schon sehr früh Dieselmotoren und baute den ersten Halbdiesel 1910; und acht Jahre später kam der erste Volldiesel.

Die ersten Hatz-Traktoren mit luftgekühlten Dieselmotoren kamen 1950 und 1954 auf den Markt. Diese Traktoren waren – wie andere deutsche Traktoren von Hanomag und Porsche – kleine Allzwecktraktoren. Die ersten Hatz-Traktoren hatten ein oder zwei luftgekühlte Zylinder; ab 1964 gab es auch 3-Zylinder-Motoren, die bis zu 40 PS hatten.

Hatz fand das Traktorengeschäft zu sehr von Konkurrenzdenken geprägt und wandte sich seinem Hauptgeschäft, der Produktion von Dieselmotoren, zu. Das Unternehmen befindet sich noch heute im Familienbesitz und baut im Jahr ungefähr 60 000 Motoren von 1,5 bis 80 PS.

Hatz, ein etablierter Hersteller von Dieselmotoren, baute in den 50er- und Anfang der 60er-Jahre Traktoren. Die meisten waren kleine Allzwecktraktoren wie die von Hanomag und Porsche.

HSCS

Hofherr-Schrantz-Clayton-Shuttleworth wurde 1900 aus ungarischen Unternehmen und dem englischen Dampftraktoren-Konzern Clayton & Shuttleworth gegründet. Ab 1912 war HSCS in ungarischem Besitz und baute 1923 seinen ersten 1-Zylinder-Benzin-Traktor.

1938 kaufte Lanz aus Deutschland das Unternehmen auf, und HSCS baute unter Lizenz den berühmten Lanz Bulldog-Traktor. Der Bulldog war in Europa sehr populär und wurde in Spanien, Polen und Frankreich und auch in Australien gebaut. Der Traktor hatte einen einfachen Halbdiesel-Zweitakt-Motor. Dieser war sehr stabil und konnte mit fast allen Treibstoffen einschließlich Altöl betrieben werden.

1951 wurde das Unternehmen in Red Star Tractors umbenannt. Ab 1960 verwendete es den Markennamen DUTRA.

Ab 1960 wurden statt der Halbdiesel viel ausgefeiltere Maschinen mit Allradantrieb unter dem Namen DUTRA gebaut. 1967 kam der DUTRA 2500 mit einem 2-Zylinder-Csepel-Dieselmotor und 36 PS auf den Markt.

1973 fusionierte HSCS/DUTRA mit der ungarischen RABA, die Steiger-Traktoren unter Lizenz herstellten.

RECHTE SEITE
Mit dem passenden Namen Le Robuste waren HSCS-Traktoren in der Tat stark und zuverlässig.

UNTEN
HSCS in Ungarn hatte englische Verbindungen, konzentrierte sich aber ab 1938 auf seine eigene Version des Lanz-Bulldogs.

HSCS
LE ROBUSTE
40
IMPORTE DE HONGRIE

HUBER

Edward Huber, ein wahrer Pionier in der Entwicklung von Traktoren für die Landwirtschaft, baute 1898 seinen ersten Traktor mit einem 1-Zylinder-Van-Deuzen-Motor, der allerdings eine unzuverlässige Zündung hatte. Huber gab das Projekt auf und baute erst über 10 Jahre später wieder Traktoren.

Er fing als Lehrling bei einem Hufschmied an, erfand später einen erfolgreichen Heurechen und baute in seiner neu gegründeten Firma Dreschmaschinen und Dampfmaschinen. Er war ein großer Erfinder und erhielt über 100 Patente.

1911 baute er einen Benzin-Traktor, den Farmers Tractor mit einem 2-Zylinder-Motor mit 5,1 l Hubraum. 1912 wurde der größere 13/22er gebaut, der zwar noch den gleichen Motor hatte, aber mit Vollverkleidung und Kettenendantrieb ausgestattet war.

Im gleichen Jahr kam Hubers erster großer Traktor, der 4-Zylinder-30/60er, auf den Markt: mit 20,2 l Hubraum, 2,4 m Raddurchmesser und einem 295-Liter-Tank.

Der richtige Erfolg kam erst 1917 mit dem kleinen Light Four und von da an wurden nur noch 4-Zylinder-Traktoren gebaut. Dieser wog nur 2 359 kg mit 12 PS an der Zugstange und 25 PS am Treibriemen. Dieser Traktor und ein Modell mit etwas größerem 15/30er-Motor wurden bis 1928 gebaut. Außerdem kam der 25/50 Master Four auf den Markt.

1926 kam der Super Four 18/36er mit einem Stearns-Motor (natürlich 4-Zylinder) und Druckschmierung auf den Markt. Kurz danach kam der 20/40 Super Four, der sich allerdings bei einem Test in Nebraska als viel leistungsstärker erwies, nämlich mit

Der Huber 18/36er mit einem 4-Zylinder-Motor und längs eingebautem Kühler. Auf dieser Abbildung kann man den Riemen und die Zapfwelle deutlich erkennen.

32/45 PS. Das Gleiche passierte 1927 mit dem neuen 25/50 Super Four, der beachtliche 50/70 PS Leistung erbrachte und in bescheidene 40/62 umbenannt wurde. Nicht alle Traktorenhersteller waren so zurückhaltend mit ihren Angaben über die Leistung ihrer Traktoren.

1931 kam die Modern-Farmer-Serie auf den Markt, dies war ein Traktor für Reihenfruchtarbeiten. Dieser Traktor war ein 3-Pflug-30-PS-Modell. 1937 kamen der Modern-Farmer-LC (Drei-Rad-Reihenfruchtarbeiten) und der L (Standard-Spurweite) auf den Markt. Gegen Ende der 30er-Jahre kam ein kleinerer Row-Crop mit einem modernen Motor, Elektro-Starter und Scheinwerfern.

Wie so viele Traktorenhersteller stellte Huber während des Zweiten Weltkrieges die Produktion ein und schaffte danach das Comeback nicht. Die Firma überlebt aber als Hersteller von Baumaschinen.

Er mag wie ein Dampftraktor aussehen, aber wie alle Hubers lief er mit einem Verbrennungsmotor. Besonders auffällig sind die Antriebsräder.

Der leichtgewichtige 10/20 Titan (wie auch der 8/16 Mogul) bestätigte International Harvesters Position als wichtiger Traktorenhersteller mit Produktionszahlen, die in die Tausende gingen.

Titan und der einflussreiche Farmall. In den 60er-, 70er- und 80er-Jahren ging es allerdings stetig bergab, bis International Harvester schließlich von Tenneco, der Mutterfirma von Case, 1984 übernommen wurde.

Cyrus Hall McCormick hatte seinen Mähbinder 150 Jahre zuvor patentiert; es dauerte allerdings noch 13 Jahre, bis er die Maschinen in Chicago herstellte. Nach seinem Tod 1865 führte Cyrus Jr. die Geschäfte und der Kampf mit dem größten Rivalen Deering ging weiter. William Deering, ein Geschäftsmann, der in Marsh Harvester investiert hatte, ließ sich auf den Konkurrenzkampf mit seinem größten Rivalen, McCormick, ein.

Da dies nicht viel brachte, trug Deering sich 1897 mit dem Gedanken, an McCormick zu verkaufen. Schließlich wurde 1902 eine Fusion der beiden Unternehmen beschlossen, und so entstand International Harvester.

Beide Firmen hatten zuvor bereits stationäre Benzinmotoren gebaut. Der erste Traktor von International Harvester wurde 1906 auf den Markt gebracht. Selbst dieser

wurde im Auftrag von Ohio Manufacturing gebaut und mit einfachem 1-Gang-Getriebe und stationären 10-, 12- oder 15-PS-Motoren von Famous ausgestattet. 1908 kamen bessere Traktoren mit Mehr-Gang-Getriebe auf den Markt und International Harvester beschloss die Traktorenherstellung ins eigene Haus zu holen. Ab 1910 verkauften sie unter dem Namen Reliance und später Titan große Maschinen mit 20, 25 bzw. 45 PS.

Mitte des Jahrzehnts kam der Wendepunkt für International. Bis dahin hatten sie eine Reihe von großen, schweren Traktoren (bis zu 9 970 kg) produziert. Jedes Modell wurde in kleinen Stückzahlen (nie mehr als ein paar Hundert) gebaut. Zwei neue Traktoren veränderten alles: der 8/16 Mogul und der 10/20 Titan. Beide waren klein und leicht (Titan: 2 586 kg, Mogul: 2 223 kg) und so preiswert, dass sich viel mehr Landwirte diese Traktoren leisten konnten; außerdem waren sie wesentlich leichter zu fahren. Beide Traktoren brachten sofortigen Erfolg; der kleine Mogul verkaufte sich 5 000-mal in einem Jahr. Der Erfolg war so groß, dass International Harvester die Produktion ihrer Riesen-Traktoren einstellte.

Diese neuen Kleintraktoren wurden gebaut, um die McCormick- und die Deering-Händler zufrieden zu stellen, da sie beide weiterhin darauf bestanden, unterschiedliche Traktoren zu verkaufen. Der 8/10 Mogul, ein einfacher 2-Zylinder-Traktor, war für die McCormick-Händler. Der 2-zylindrige Titan mit horizontal gelegenen Zylindern war wesentlich größer mit 8,0 l Hubraum und er hatte Wassereinspritzung, um Frühzündungen zu verringern. Wie viele der frühen Traktoren startete der 20 PS starke Titan mit Benzin, lief aber, nachdem der

Dieser frühe Harvester hatte nur eine einfache Kabine; in den ersten dreißig Jahren wurde beim Traktorendesign dem Fahrerkomfort nur sehr wenig Beachtung geschenkt.

Der kleine 8/16 Mogul war ein Riesenerfolg; mehr als 5 000 Stück wurden in nur einem Jahr verkauft.

Motor angewärmt war, mit Kerosin. Der große Tank (159 l) vorne am Traktor war aber nicht für Kerosin, sondern für Wasser, um den Motor zu kühlen.

1917 kam ein weiterer Wendepunkt für International. Die US-Justizbehörde ordnete an, dass die getrennten McCormick- und Deering-Vertragshändler zusammengelegt wurden, da sie mit ihren vielen Zweigstellen die Kartellgesetze verletzten. Von da an gab es in jedem Verkaufsgebiet nur einen einzigen Händler, der eine einzige Marke verkaufte: den International.

So wurde der neue 8/16er der erste International-Traktor. Er hatte 4 Zylinder und lief mit 1 000 U/min, hatte eine bessere Kühlung, ein 3-Gang-Getriebe und war mit 1 660 kg leichter als sein Vorgänger. Außerdem war der Motor unter einer Haube. Der neue International war Amerikas erster in Serie gebauter Traktor mit Zapfwelle. Der 8/16er hatte allerdings auch Nachteile wie das genietete Fahrgestell und den offenen Kettenantrieb. Trotzdem war Internationals Position als bedeutender Hersteller wieder gefestigt.

Internationals großes Problem war Henry Ford: erstens war der Fordson so billig, dass International zu jedem verkauften Traktor einen kostenlosen Pflug vergab, um konkurrenzfähig zu bleiben. Zweitens war der Fordson mit seinem 4-Zylinder-Motor und voll verkleidetem Getriebe eine echte Miniversion eines Großtraktors.

1921 reagierte International mit dem 15/30er (bald in McCormick-Deering umbenannt). Dieser Traktor war auf dem neuesten Stand der Technik. Das Getriebe hatte eine ölgekühlte Fahrkupplung. Der 4-Zylinder-Motor hatte Druckschmierung und die Kurbelwelle kam mit einer lebenslangen Garantie. Das Fahrgestell war aus einem einzigen Stück Gusseisen und damit wesentlich stabiler als die genieteten Fahrgestelle. Der Traktor war außerdem mit 2 608 kg verhältnismäßig leicht und konnte ohne Probleme einen 3-scharigen-Pflug ziehen. Er kostete nur 1.250 US-$, nicht gerade so billig wie Ford, aber doch preiswert genug, dass viele Landwirte ihn sich leisten konnten. In acht Jahren verkaufte er sich über 128 000-mal.

Zwei Jahre später wurde eine 2-Pflug-Version angekündigt: der 10/20er. Tatsächlich war es eine kleinere Version des 15/30ers mit der gleichen fortschrittlichen Ausstattung. Anstatt des 6,2-Liter-Motors des großen Bruders, hatte der 10/20er einen 4,6-Liter-Motor, was immer noch groß genug war, um 20 PS am Treibriemen zu leisten. Bis 1942 wurden 216 000 Stück des 10/20er gebaut.

Diese zwei Traktoren erwiesen sich als sehr erfolgreich für International, aber es sollte noch besser kommen. Der Farmall (1924) füllte eine Marktlücke. Bis dahin fielen alle Traktoren in zwei Kategorien: entweder waren sie schwer und leistungsstark für Zugarbeiten, oder sie waren klein und leicht für Reihenfruchtarbeiten. Aber nur wenige Landwirte konnten sich zwei Traktoren leisten.

Der Farmall (wie der Name andeutet) konnte beide Aufgaben übernehmen. Mit 20 PS am Treibriemen war er stark genug, um einen Drescher oder einen Schredder

Der Farmall entwickelte sich in vielen verschiedenen Modellen und wurde 1939 komplett aufgerüstet. Hier ist der mittelgroße HV mit großer Bodenfreiheit abgebildet.

RECHTE SEITE
Außer den Farmalls für Reihenfruchtarbeiten bot International Harvester auch eine Reihe von Traktoren mit Standard-Spurweite an, die W-Serie. Sie verkauften sich nicht so gut wie die sehr erfolgreichen Farmalls, hatten aber auch ihren Platz auf dem Markt. Einige Modelle wie dieser WD-40 wurden von einem einzigartigen Diesel-Benzin-Hybrid-Motor angetrieben.

zu ziehen und die 13 PS an der Zapfwelle waren ausreichend für einen 2-scharigen Pflug. Er hatte auch eine Zapfwelle zum Antrieb von Mähmaschinen. Wegen seiner großen Bodenfreiheit konnte der Farmall aber auch zwischen Pflanzenreihen fahren. Die Spurweite der Hinterräder war so groß, dass der Traktor zwei Reihen überspannte und somit zwei Reihen gleichzeitig kultivieren konnte. Der Traktor hatte durch seine kleinen Vorderräder einen kleinen Wendekreis.

Der Farmall war sehr beliebt, aber es gab ein Problem: Das International-Management beschloss die Produktionszahlen niedrig zu halten, so dass die Verkäufe des 10/20ers keine Einbußen erlitten. Der Farmall wurde nur dort verkauft, wo der 10/20er sich nicht gut verkaufte.

Schließlich änderte International seine Strategie und 1926 wurden 4 000 Farmalls verkauft, 1930 wurden 10-mal so viele Farmalls verkauft und der 10/20er verkaufte sich ebenfalls weiterhin gut. Mit dem Farmall kam eine neue Generation von Traktoren auf den Markt: der Allzweck- oder Row-Crop-Traktor. Er hatte verstellbare Spurweite (der Abstand zwischen den Rädern), große Bodenfreiheit und gelenkige Steuerung. Andere US-Traktorenhersteller begannen ihren eigenen Farmall-Traktor zu bauen: John Deere, Allis-Chalmers, Case, Oliver und Minneapolis-Moline brachten einen leistungsstärkeren Traktor für Reihenfruchtarbeiten auf den Markt.

International Harvester experimentierte sieben Jahre lang, bis der Farmall produktionsreif war. Es dauerte weitere sieben Jahre, bis ein leistungsstärkerer Traktor auf den Markt kam: der F-30. Die Firma war damit beschäftigt, der Nachfrage für den 10/20er, für den Farmall und für den 15/30er (auf 22/36 hochgerüstet) nachzukommen.

Der F-30 hatte einen größeren Motor (4,6 l) und produzierte mit 1 150 U/min

Der große F-30 Farmall ersetzte 1931 den ursprünglichen F-20; schon bald kam der kleinere F-12 hinzu.

McCORMICK
DIESEL

Der McCormick-Deering W-30: die Traktoren mit Standard-Spurweite von International Harvester. Der Name Farmall war den Traktoren für Reihenfruchtarbeiten vorbehalten.

20 PS an der Zugstange und 30 PS an der Zapfwelle. Der F-30 war aber weniger beliebt als der Regular, da die meisten kleineren Bauernhöfe keinen großen Traktor wollten.

Ein Jahr später kam der Farmall F-12, der wesentlich kleiner war als das Original. Mit 1,8 l Hubraum war der 4-Zylinder-Motor über 50 % kleiner als der Motor des ersten Farmalls. International produzierte noch keine kleinen Motoren, daher verwendeten sie zuerst Waukesha-Motoren, bis sie ihre eigenen bauten. Der F-12 war mit seinen 1 225 kg ein Leichtgewicht, konnte einen 1-scharigen Pflug ziehen und konnte so eingestellt werden, dass man zwei Reihen Feldfrüchte gleichzeitig kultivieren konnte. Eine weitere Neuerung, die für alle anderen Row-Crop-Traktoren übernommen werden würde, war, dass die Hinterräder auf einer Keilwelle montiert waren. Damit konnte der Radabstand verändert werden, um ver-

schiedene Abstände zwischen verschiedenen Feldfruchtarten zu ermöglichen.

Im selben Jahr, als der F-12 angekündigt wurde, wurde der Farmall-Regular mit mehr Leistung und besserer Steuerung ausgestattet und in F-20 umbenannt.

1932 wurde der etwas veraltete 15/30er mit dem F-30er-Motor ausgestattet und in W-30 umbenannt. Mit 20 PS an der Zapfwelle und 31 PS am Treibriemen war er nicht so leistungsstark wie sein Vorgänger, aber billiger in der Herstellung.

1935 kündigte Harvester die W-40-Serie an, da der W-30er für die großen Weizenbauern des mittleren Westens einfach nicht leistungsstark genug war. Oft wird der erste Rad-Dieseltraktor John Deere zugeschrieben, aber es war in der Tat International, die 10 Jahre zuvor mit dem WD-40 auf den Markt kamen; allerdings war dies kein ganz echter Diesel.

Er startete mit Benzin, und nachdem der Motor angewärmt war, lief er mit Diesel. Er war mit einem Vergaser, Zündkerzen und Dieseleinspritzpumpe ausgestattet. Mit seinem 4-Zylinder-5,8-Liter-Motor, der bis zu 37 PS an der Zugstange und 52 PS an der Zapfwelle leistete, war er einer der leistungsstärksten Traktoren auf dem Markt. Er war auch sparsam im Verbrauch. Der WK-40 mit seinem reinen 6-Zylinder-4,9-Liter-Benzinmotor war nicht so sparsam.

Dies waren große Traktoren: der WD-40 hatte einen 142-Liter-Tank und einen 14-Liter-Kühlmitteltank und wog 3 425 kg.

Die Modelle W-12, W-30 und W-40 kamen alle als McCormick-Deerings auf den Markt und wurden erst nach dem 2. Weltkrieg in McCormick Farmall umbenannt.

In den 30er-Jahren produzierte International erfolgreich Raupenfahrzeuge, um mit Caterpillar zu konkurrieren. Diese Maschinen basierten auf den Motoren der 20, 30 und 40 PS starken Rad-Traktoren und kamen als TracTracTor auf den Markt.

1939 bekam der Farmall mithilfe des Industriedesigners Raymond Lowey ein neues Aussehen. Der Tank, die Steuerung und der Kühler wurden in einer Einheit verkleidet. Die Räder bekamen ein neues Design und sogar der Fahrersitz erhielt auf Rat eines Orthopäden eine neue Form. Der Farmall A war das erste Modell einer neuen Traktorengeneration mit verstellbarer Vorder- und Hinterachse. Mit 13 PS war er ein 1-Pflug-Traktor für Einzelreihenarbeit, aber es gab auch eine Version für zwei Reihen, das B-Modell.

Ganz wie der vom Vater! Aber der Farmall Cub war kein Spielzeug; er war ein echter Miniatur-Farmall, der sich gut verkaufte. „A cub in size, but a bear for work", titelt die Werbeanzeige: „Klein wie ein Bärenkind, aber so stark wie ein ausgewachsener Bär."

Schließlich ersetzte International als Markenname McCormick-Deering.

Im selben Jahr wurde der F-20 durch den Farmall H mit 19 PS an der Zugstange und 24 PS am Treibriemen ersetzt. Der M (33 PS am Treibriemen) ersetzte den F-30. Der erfolgreichste Traktor, wie der F-20 zuvor, war der Mittelklasse-H. Er war leichter und bequemer als sein Vorgänger und damit ideal für die Tausenden von Großfarmen, die damals die amerikanische Landschaft beherrschten. Und der Traktor kam zum richtigen Zeitpunkt, als nämlich die 200 000 produzierten ursprünglichen Farmalls langsam ans Ende ihres Arbeitslebens kamen. Bis 1953 wurden fast doppelt so viele H-Modelle verkauft.

International Harvesters Traktoren mit Standard-Spurweite wurden auch neu designed, verkauften sich aber nicht so gut wie die erfolgreichen Farmalls. Der W-4 war ein Farmall-H mit Standard-Spurweite und W-6 war die Standardversion des M-Modells. Zum ersten Mal gab es den W-6 auch als Diesel, obwohl der WD-6 keine Diesel-Benzin-Mischung verwendete wie der WD-40. Er hatte den 4,0-Liter-4-Zylinder-Motor von International Harvester. Er war 190 kg schwerer, und was für die meisten Landwirte entscheidender war, er kostete 30 % mehr.

Während des Zweiten Weltkrieges gab es nur wenig Änderungen. 1947 baute International einen Traktor, der für die Landwirte bestimmt war, für die der kleine A immer noch zu groß war. Der Cub war ähnlich gebaut wie alle anderen Farmalls, aber er hatte einen winzigen 4-Zylinder-Motor mit nur 978 cm^3 und 7 PS an der Zugstange und 8 PS am Treibriemen. Der Farmall Cub verkaufte sich bald besser als der A. Der A wurde zum Super A auf-

gerüstet und erhielt ein hydraulisches Hubwerk. Der B wurde mit mehr Rückrad-Spurweiten-Einstellung und einer Drei-Rad-Vorderachse ausgestattet und in C umbenannt.

Fast alle großen US-Traktorenhersteller waren Pioniere der Technik: die Dreipunktkupplung (Ford-Ferguson), Luftbereifung (Allis-Chalmers) und das Fahrgestell aus einem Stück (J. I. Case) wurden in den USA erfunden. International erfand das Power-Shift-Getriebe; heutzutage sind fast alle Traktoren damit ausgestattet, aber am Anfang der 50er-Jahre hatten Traktoren einfache Getriebe mit vier bis sechs Vorwärtsgängen. Um in einen niedrigeren Gang zu schalten, musste der Traktor angehalten und wieder neu gestartet werden. International Harvester änderte dieses mit dem Torque Amplifier, einem 2-Gang-Planeten-Getriebe, das vor dem Standardgetriebe eingebaut wurde. Das brachte zwei Vorteile: Ein Getriebe mit zwei Bereichen verdoppelte die Anzahl der Übersetzungen; man konnte ohne anzuhalten oder auszukuppeln den Gang wechseln. Das TA-System war so erfolgreich, dass viele Hersteller die Technologie übernahmen. International baute TA zuerst in den Farmall MTA ein, danach

Der T20 TracTracTor war Internationals begehrtestes Raupenfahrzeug in den 30er-Jahren; klein genug für Hof und Obstplantagen, aber auch für den Einsatz auf der Baustelle geeignet.

in den Super W-6 und Farmall H. 1953 brachte International die Fast-Hitch-Anhängekupplung heraus, musste aber einsehen, dass die Dreipunktkupplung inzwischen der Industriestandard war.

1955 gab es eine Umstrukturierung und die gesamte International-Produktpalette bekam neue Namen und Nummern. Der Super A wurde zum 100er, der B zum 200er, der Super H wurde zum 300er und der Super MTA wurde zum 400er. Der 600er war der große W-9 mit Standardspurweite.

Alle Traktoren wurden mit mehr Leistung ausgestattet; der 200er bekam außerdem ein Kriechganggetriebe namens Hydra-Creeper. Der 300er bekam ein neues Design, einen Torque Amplifier, einen größeren 2,8-Liter-Motor, Fast Hitch und Zapfwelle.

Außerdem hatten der 300er und der 400er ein neues Hydrauliksystem namens Touch Control, das leichter und ergonomischer zu bedienen war.

Der International 300 Utility kam auf den Markt, um mit den kleinen Fords und Fergusons zu konkurrieren. Dieser Traktor war mechanisch genauso ausgestattet wie der Farmall 300, war aber niedriger gebaut. Mit der Zeit wurden diese Allzwecktraktoren ebenso beliebt wie die Traktoren für den Reihenfruchtanbau und die Unterschiede zwischen den beiden wurden kleiner.

Ein Allzweck-Modell, im April 1955 gebaut, war Internationals dreihundertstes Traktorenmodell.

Anstelle der Zapfwelle wurde ein 37,5-Ampere-Elektro-Generator in diesen Traktor eingebaut. Mit dessen Hilfe konnte ein Elektromotor eines Mähdreschers oder anderer Anbaugeräte angetrieben werden. Elektrische Drähte waren auf jeden Fall weniger gefährlich als offen liegende, sich drehende Wellen oder Riemen, aber den

Der Name Farmall für Traktoren für Reihenfruchtarbeiten blieb bis in die 70er-Jahre bestehen. Hier abgebildet ist ein 450er, Internationals zweitgrößter Traktor aus dem Jahre 1957.

Landwirten gefiel das nicht und der Plan wurde wieder aufgegeben.

Die Landwirte wollten aber leistungsstärkere Traktoren und International Harvester reagierte 1958 mit einem 6-Zylinder-Motor für die neuen 460er-, 560er- und 660er-Traktoren. Der 460er und der 560er verwendeten 4,3-Liter-6-Zylinder-Motoren, die bis zu jenem Zeitpunkt in dem TD-9-Raupenfahrzeug verwendet worden waren. Es gab sie als Diesel-, Gas- oder Autogas-Version. Dies gab dem 560er eine Leistung von 62 PS, was allerdings für den Endantrieb, der seit 1938 unverändert war, zu viel war. International gab 100.000 US-$ aus, um den Endantrieb zu erneuern und beschädigte Teile zu ersetzen.

Der Ruf des Farmalls litt auch, obwohl die neueren Modelle mit integrierter Hydraulik, Dreipunktkupplung und mehr Komfort für den Fahrer ausgestattet waren. Zum ersten Mal verkauften sich John Deeres Traktoren besser als die von International Harvester.

Die 60er-Jahre waren das Jahrzehnt der PS. Und International wollte nicht hinter der Konkurrenz bleiben und brachte den 4300er mit Allradantrieb auf den Markt. Er

Der McCormick-Deering W-12 wurde von 1934 bis 1938 gebaut; dann wurde er durch den W-14 ersetzt.

100-PS-Traktor und brachte den 1206er heraus. Dieser war mit der Turbolader-Version des 806er-6-Zylinder-Dieselmotors ausgestattet und brachte es auf 113 PS an der Zapfwelle und 98 PS an der Zugstange. Dieser Traktor war so leistungsstark, dass ein neues Getriebe speziell für ihn entworfen werden musste.

International Harvester experimentierte mit hydrostatischem Antrieb, den es bereits bei dem Benzinturbinen-HT-340-Prototyp gab. Die Turbine war für den Traktorenge-

Dieser 2-Pflug-10/20er war vor dem Farmall Internationals erfolgreichster Traktor. In 19 Jahren wurden mehr als 200 000 Stück hergestellt.

hatte über 180 PS an der Zugstange und einen 13,4-Liter-6-Zylinder-Turbolader-Dieselmotor, der im Haus gebaut wurde. Dieser Riesentraktor wog fast 15 Tonnen und konnte ohne Probleme einen 10-scharigen Pflug ziehen. Es wurden nur 44 Stück gebaut, da dieser Traktor für die meisten landwirtschaftlichen Betriebe zu groß war und daher nur industriell verwendet wurde.

Die Firma verbesserte ihre Mittelklasse-Traktoren und der 404er und 504er wurden mit austauschbaren Luftfilterelementen und einer Dreipunktkupplung mit Zugwiderstandsregelung ausgestattet. 1963 kam eine neue Generation von Traktoren auf den Markt, wie zum Beispiel der 54-PS-606-Utility (6-Zylinder Benzin oder Diesel), der 72-PS-706er und der 94-PS-806er. Dieser hatte einen neuen 5,9-Liter-6-Zylinder-Dieselmotor mit einem Getriebe mit bis zu 16 Vorwärtsgängen (4-Gang-Getriebe, zwei Übersetzungen) und der gut gepolsterte Fahrersitz befand sich nun vor der Hinterachse. Vorderradantrieb konnte auf Wunsch mitgeliefert werden. Ab 1965 gab es eine Kabine, die bald auch mit Klimaanlage ausgestattet wurde.

Im August 1965 folgte International seinen Konkurrenten im Kampf um den

brauch zu laut und verbrauchte zu viel Treibstoff, aber ihr hydrostatischer Antrieb funktionierte gut. International Harvester führte dieses System 1967 bei dem 656er ein und später wurde es auch in den 54 PS starken 544er, den 84 PS starken 826er und den 1026er (112 PS) eingebaut.

Harvester baute aber weiterhin gear drive Traktoren: vom 656er bis hin zum 1256er mit 6,7-Liter-Turbodieselmotor. 1969 wurde der 1256er zum 1456er aufgerüstet (132 PS an der Zapfwelle). Die meisten dieser Traktoren waren als Farmall Row-Crop und International-Allzwecktraktoren erhältlich.

Die Traktoren wurden für den Fahrer komfortabler und sicherer: Überrollschutz, geneigtes Lenkrad und Fahrersitz mit hoher Lehne und hydraulischer Federung wurden eingebaut.

1971 brachte International eine neue Serie von kleinen Allzwecktraktoren heraus, die alle in Doncaster, England, gebaut wurden. Der 354er (32 PS), der 454er (40 PS)

McCormick, International oder Farmall? Dieser D-430 scheint alles zu sein. Wenigstens erscheint der Name Deering nicht mehr.

Nicht alle 86er hatten eine komfortable Kabine. Dieser 1486er war eine Klasse unter dem Top-1586er mit seinen 161 PS.

längert wurde. Zur gleichen Zeit kam auch die kleinere 30er-Serie mit 81 bis 136 PS auf den Markt. Der 2 + 2 wurde etwas aufgerüstet und in 60er-Serie umbenannt und International importierte 15-PS- bis 21-PS-Kleintraktoren von Mitsubishi in Japan.

Alle diese Aktivitäten führten aber zu nichts und trotz des Verkaufes der Steiger-Anteile hatte International Harvester kein Geld mehr. 1984 wurde die Abteilung für Landwirtschaftsmaschinen an Tenneco, Mutterfirma von J. I. Case, verkauft.

Die Farmall-Fabrik wurde geschlossen und der letzte International-Traktor lief im Mai 1985 vom Band; es bedeutete das Ende einer Ära.

ISEKI

Japanische Traktoren spiegeln die Anforderungen ihres Landes wider: kleine, kompakte Maschinen für kleine landwirtschaftliche Betriebe. Die Traktoren sind von hoher Qualität und sehr zuverlässig und diese Tatsache wurde schnell von den Amerikanern erkannt. Ab den 70er-Jahren fingen sie damit an, japanische Traktoren zu importieren und sie unter ihren eigenen Namen und Farben zu verkaufen. International Harvester verkaufte unter ihrem Namen zum Beispiel Mitsubishi-Traktoren. White in den USA machte eine Ausnahme und verkaufte Isekis unter dem Namen White/Iseki. Bis 1984 importierten sie die 3-Zylinder-2-30er- und 2-35er Maschinen. Beide Kleintraktoren hatten Isuzu-Dieselmotoren, die 28 bzw. 33 PS leisteten; der größere Motor hatte 1,8 l Hubraum und beide Traktoren hatten ein 8-Gang-Getriebe, aber keine Kabine.

Bald darauf kamen größere Isekis auf den Markt: der 2-45er und der 2-62er mit 4-Zylinder-2,8-Liter- bzw. 3,6-Liter-Dieselmotoren von Isuzu. Beide Traktoren hatten ein 20-Gang-Getriebe und leisteten 44 bzw. 61 PS. Zwischen 1982 und 1988 verkaufte White den 2-75er mit 6-Zylinder-5,4-Liter-Dieselmotor von Isuzu.

1988 verkaufte White seine eigenen Großtraktoren, den 60er und 80er, aber die japanischen Kleintraktoren wurden bis in die 90er-Jahre von White verkauft, als AGCO das Unternehmen übernahm und die japanischen Importe einstellte. 2002 verkaufte Iseki weiterhin seine Kleintrak-

Iseki baute nicht nur Minitraktoren. Hier auf einer Prospektseite abgebildet ist ein großer Big-T 115. Die Firma baute auch einen 6-Zylinder-T-125.

toren wie den TK546er mit einem 48-PS-4-Zylinder-2,2-Liter-Dieselmotor und Zapfwelle mit zwei Geschwindigkeiten und 16-Gang-Getriebe (4-Gang-Getriebe mit vier Bereichen). Außerdem waren diese Traktoren mit hydrostatischer Lenkung und klimatisierter Kabine ausgestattet. Der TM217 ist ein kleinerer Traktor mit einem 1-Liter-Dieselmotor mit Direkteinspritzung, der 17 PS leistet.

Noch ein Iseki für den japanischen Markt. In den 80er- und frühen 90er-Jahren wurden die Traktoren auch in den Staaten unter dem Namen White verkauft.

IVEL

Es wird behauptet, dass Dan Albone aus England den ersten praktischen Kleintraktor 1902 gebaut hat. Dieser 3-Rad-Traktor mit einem 2-Zylinder-Benzinmotor leistete 20 PS bei 850 U/min. Er war einfach und leicht (1 650 kg) und hatte eine der ersten Zapfwellen, die innerhalb von ein paar Jahren zur Standardausstattung aller Traktoren gehören sollten.

Der Ivel (nach einem nahe gelegenen Fluss benannt) wurde bis 1920 gebaut, einige Modelle wurden angeblich auch in den Staaten hergestellt.

Als Albone 1906 starb, ging es mit der Firma bergab und 1920 machte das Unternehmen Konkurs. Aber Albone hatte mit seinem leichtgewichtigen Benzintraktor ein wichtiges Erbe hinterlassen.

RECHTE SEITE
Der Ivel: wahrscheinlich der erste richtig funktionierende Kleintraktor der Welt.

AO 385

RECHTE SEITE
Ein neuer Name und ein neues Konzept für Traktoren. Baumaschinenhersteller JCB versetzte 1991 mit seinem Fastrac die Traktorenwelt in Erstaunen.

UNTEN
Fastracs Stärke war Straßentransport bei hohen Geschwindigkeiten.

JCB

Joe Cyril Bamford wollte niemals Traktoren herstellen; sein Unternehmen war weltweit für die gelben Bagger berühmt. 1945 kaufte Joe ein Schweißgerät für ein Pfund und baute seinen ersten landwirtschaftlichen Anhänger aus Schrott und einer alten Jeep-Achse.

Bald baute er hydraulische Kipplader und hydraulische Frontlader; der erste wurde bei einem Fordson Major eingebaut. 1953 kaufte Bamford einen hydraulischen Baggerlader in Norwegen und begann bald seine eigenen herzustellen, die auch an Fordson-Traktoren montiert wurden. Mit der Kombination von Frontlader und Baggerlader war der erste JCB-Bagger geboren. Er war ein Riesenerfolg und bis zum 50. Jahrestag der Firma 1995 waren 18 000 Stück gebaut worden, mehr als die Hälfte der Bagger wurde exportiert.

In der Zwischenzeit kehrte JCB wieder zu seinem ursprünglichen Geschäft, den Landwirtschaftsmaschinen, zurück. Forschungen in Europa hatten gezeigt, dass bis zu 70 % der Traktorenarbeit aus Transport auf der Straße bestand und nicht aus Feldarbeit. Der Fastrac war JCBs Reaktion auf dieses Ergebnis: der erste echte Hochgeschwindigkeits-Traktor seit Jahren und der erste wirtschaftlich erfolgreiche. Er kam 1991 auf den Markt und erreichte bis zu 64 km/h auf der Straße; außerdem hatte er

N665 GEH
JCB
QUADTRONIC

Vollfederung und externe Scheibenbremsen. Die Hinterfederung war hydraulisch und somit konnte die Maschine besser mit extrem schweren Anbaugeräten fertig werden.

Die Maschine hatte einen 6-Zylinder-Turbodieselmotor (115 bis 170 PS) aus der 1000er-Serie von Perkins.

Der Fastrac war aber auch ein Feldtraktor, der einen 5-scharigen Pflug ziehen und am Frontanbau fast 3 Tonnen Gewicht bewegen konnte. Er hatte Front- und Heckzapfwellen und Allradantrieb als Standard. 1996 kam der Quadtronic auf den Markt, der automatisch, je nach Bedarf, zwischen Zwei- und Allradantrieb wechselte.

Viele andere Hersteller haben seit dem Fastronic ihren eigenen Hochgeschwindigkeitstraktor gebaut.

Der Fastrac war ein Riesenerfolg; er konnte genauso gut auf der Straße wie im Feld eingesetzt werden.

JOHN DEERE

John Deere ist der einzige US-Traktorenhersteller, der das turbulente 20. Jahrhundert ohne Fusion, Übernahme oder Bankrott überlebt hat und auch heute noch zu den ältesten Unternehmen Amerikas zählt.

John Deere zeigte das gleiche Interesse an Landwirtschaftsmaschinen wie auch International, Case und Massey-Harris; die Firma war aber kleiner als ihre Konkurrenten und wurde trotzdem zum US-Marktführer. Eine Position, die sie jahrzehntelang innehielt.

John Deere, ein Hufschmied, wurde 1804 in Rutland, Vermont, geboren. Zunächst stellte er Werkzeuge her und die Qualität seiner Schaufeln und Hacken brachten ihm einen guten Ruf. Aus wirtschaftlichen Gründen ging er in den Westen und ließ sich in Illinois nieder. Viele Landwirte, die ebenfalls aus dem Osten kamen, fanden die Erde in Illinois zu schwer; sie klebte wie Leim an den Pflügen und die Arbeiter mussten alle paar Meter anhalten, um den Pflug von der klumpigen Erde zu befreien.

John Deere fand die Lösung. Er entwarf eine Pflugschar aus Stahl, die so geformt war, dass sie sich selbst reinigen konnte. Er baute das Gerät aus einem gebrochenen Sägeblatt. Es funktionierte und war so erfolgreich, dass ab 1847 1 000 Pflüge im Jahr gebaut wurden. Ein Jahr später baute er am Ufer des Mississippi in Moline eine neue Fabrik und 1853 wurden dort 4 000 Stahlpflüge hergestellt. Drei Jahre später produzierte die Firma 15 000 Pflüge. Deeres ältester Sohn übernahm das Tagesgeschäft und die Firma wurde bis 1982 von Familienmitgliedern geleitet.

Erst 1913 gab das Unternehmen den ersten Benzintraktor bei C. H. Melvin zum Bau in Auftrag. Dieser erste experimentelle Traktor hatte drei Räder und konnte zwar in zwei Richtungen fahren, war aber unzuverlässig und hatte nicht genug Bodenhaftung, und das Projekt wurde aufgegeben. 1917 baute die Firma einen 3-Rad-Traktor mit 3-Radantrieb und einem 4-Zylinder-Waukesha-Motor. Es wurden nur ein paar Stück gebaut, denn der Traktor war mit 1.200 US-$ weitaus teurer als der neue Fordson oder der 2-Zylinder-Waterloo-Boy.

Der Waterloo Boy war ein Abkömmling des ersten Traktors mit Verbrennungsmotor. Er war 1892 von John Froelich entworfen worden und mit dieser Maschine stieg John Deere ins Traktorengeschäft ein. Obwohl Froelichs Traktor gut funktionierte, war das bei den Produktionsmodellen (nur zwei Stück wurden verkauft) nicht der Fall und die Waterloo Gasoline Engine Co. blieb

So fing alles an. John Froelichs Maschine war der erste Traktor der Welt mit Verbrennungsmotor.

Der erste echte John Deere? Wohl nicht: das erste Model D wurde von den Ingenieuren des Waterloo Boys entworfen.

Allzwecktraktor wurde zum Riesenerfolg und es wurde klar, dass alle Hersteller diesem Beispiel folgen mussten. John Deere brachte 1928 den GP heraus. Mechanisch war er dem Model D ähnlich, hatte aber einen 5,1-Liter-Motor mit seitlich eingebauten Ventilen (10 PS an der Zugstange und 20 PS am Treibriemen) mit 2 Horizontal-Zylindern. Die hoch gewölbte Vorderachse führte dazu, dass nur noch zwei Radspuren im Feld hinterlassen wurden (der Farmall hinterließ drei) und drei Reihen Feldfrüchte gleichzeitig bearbeitet werden konnten. Außerdem hatte der Traktor ein mechanisches Hubwerk, mit dem angekuppelte Geräte mithilfe eines Pedals höher oder niedriger gestellt werden konnten. Das Einzige, was dem GP fehlte, waren Leistung und Bodenfreiheit. Der Motor wurde auf 5,5 l Hubraum aufgerüstet und der GP WT (wide track) hatte Hinterräder mit 193 cm Spurweite und ein 3-Gang-Getriebe.

Der GP verkaufte sich zwar nicht so gut wie der Farmall, aber immerhin wurden 30 000 Stück in acht Jahren verkauft und ab 1929 gehörte John Deere zu den großen Herstellern von Landwirtschaftsmaschinen. Mit 21 % Marktanteil kam das Unternehmen an zweiter Stelle nach International.

Zwischen 1929 und 1933 erlitt die Landwirtschaft eine große Krise und in Folge ging auch die Traktorenproduktion auf ein Zehntel der ursprünglichen Produktionsziffer herunter. John Deere traf es besonders hart, da das Unternehmen inzwischen seine Maschinen auf Kreditbasis verkaufte. Viele Landwirte bauten gerade genug an, um sich selbst zu ernähren; die Preise waren so niedrig, dass sich kommerzieller Anbau einfach nicht lohnte.

Trotzdem ließ Charles Deere Wiman (der Enkel des Gründers) zwei neue Allzwecktraktoren entwickeln. Es war eine riskante Entscheidung, aber als Model A und Model B 1934/35 auf den Markt kamen, hatte sich die Landwirtschaft mithilfe von Roosevelts New-Deal-Politik erholt.

Ab Mitte der 30er-Jahre bauten die meisten Hersteller hochtourige 4-Zylinder- oder sogar 6-Zylinder-Motoren. Deere hielt an seinem niedertourigen Johnny Popper fest. Amerikanische Landwirte mochten diesen unverwüstlichen und zuverlässigen Traktor, der sich besonders zur Feldarbeit eignete und weniger Treibstoff verbrauchte.

Das Model A mit seinem 5,0-Liter-Motor war fast so leistungsstark wie der frühe GP. Der Motor leistete 24 PS am Treibriemen und 16 PS an der Zugstange, lief mit Kerosin und hatte einen Thermosyphon-Kühler und eine Wasserpumpe.

Der A und B waren keineswegs veraltete Traktoren; Deeres Geheimnis war es, verbesserte Bauteile in einen einfachen zuverlässigen Traktor einzubauen. Die Landwirte

Als Reaktion auf Internationals Farmall nahm John Deere den Markt für Traktoren für Reihenfruchtarbeiten in Angriff; zuerst mit dem GP (General Purpose = Allzweck), dann folgten Model A und B.

OBEN

Wie viele andere Traktorenhersteller baute auch John Deere eine Raupenkettenversion seiner Traktoren. Der hier abgebildete MC hatte den gleichen 2-Zylinder-Motor wie der Johnny Popper.

RECHTS

Mit einem 6,7-Liter-Motor war dieser 3-Pflug-Model-G-Traktor aus dem Jahre 1939 bis dahin John Deeres größter Traktor. In der Tat war er der größte Traktor für Reihenfruchtarbeiten, der zu dieser Zeit auf dem Markt war.

JOHN DEERE
G

JOHN
FIELD & ROAD

vertrauten der Einfachheit der Maschine, wollten aber Verbesserungen wie einstellbare Spurenweite der Hinterräder, so dass die Räder mithilfe einer Keilwellen-Achse näher zusammen oder weiter auseinander bewegt werden konnten. Die Traktoren waren auch mit einem hydraulischen Hubwerk ausgestattet, was aber nicht mit der Dreipunktkupplung von Ferguson zu verwechseln ist: Deeres Version konnte Anbaugeräte nur auf und ab bewegen und hatte keine Zugwiderstandsregelung oder ausgefeilte Geometrie. Die neue Hinterachse erlaubte mehr Bodenfreiheit und man konnte auch eine zentrale Kupplung und eine Zapfwelle einbauen.

Model B war eine kleinere Version des Model A, einfach und simpel mit all den modernen Ausstattungen und einem 2,4-Liter-2-Zylinder-Motor. Er leistete 14 PS an

LINKE SEITE
Ein stabiles und zuverlässiges Arbeitstier. Das ursprüngliche Model D wurde dreißig Jahre lang gebaut.

UNTEN
Nach dem Krieg wurden alle John-Deere-Traktoren mit Ziffern benannt: Dieser kleine 320er kam 1955 als Allzwecktraktor auf den Markt.

John Deeres erster Diesel, der große R, und sein Nachfolger, der 80er, waren jahrelang die sparsamsten Traktoren in Amerika.

der Zapfwelle und 10 PS an der Zugstange. Der Traktor war erfolgreich, da die meisten amerikanischen Landgüter bis zu 40 Hektar groß waren und Traktoren dieser Art waren dafür wie geschaffen.

A und B waren Allzwecktraktoren für Reihenfruchtarbeiten; zu jener Zeit die am meisten verkauften Traktoren. Der B war als BW, als BO (Obstanbautraktor) und als BNH/BWH (große Bodenfreiheit) auf dem Markt. Der BI war die Industrieversion und Lindeman Power & Equipment baute eine Raupen-Version, den BO Lindeman, der auch mit Luftbereifung erhältlich war.

Mit der Zeit wurden die Motoren des A und B aufgerüstet: Der B bekam erst einen 2,9-Liter- und dann einen 3,1-Liter-Motor und der A wurde mit einem 5,3-Liter-Motor ausgestattet. 1941 bekamen beide Modelle ein 6-Gang-Getriebe und einen elektrischen Starter. Ab 1938 war Henry Dreyfuss für das Traktorendesign verantwortlich; die meisten Traktorenhersteller änderten um diese Zeit ihr Design, ein Trend, der sich über viele Produkte von Lastwagen bis hin zu Kühlschränken verbreitete.

Dreyfuss leistete gute Arbeit und verkleidete den A und B mit Blech, was attraktiv und gleichzeitig funktionell war. Die schmalere Motorhaube verbesserte die Sicht und

GANZ OBEN
Innenansicht des Johnny Popper.

OBEN
Der 420er war eine neuere Version des 40er (1952).

Der 830er war der letzte der großen 2-Zylinder-Traktoren von John Deere.

ein Kühlergrill schützte den Kühler vor Schmutz.

Das Unternehmen brachte zwei neue Traktoren auf den Markt: das größere Model G und den kleineren H. Der G war ein 3-Pflug-Traktor mit einer Leistung von 34/26 PS wie der D, aber er wog eine halbe Tonne weniger. Der kleine H hatte den kleinsten hauseigenen 2-Zylinder-1,6-Liter-Motor mit einer Leistung von 15/13 PS.

Während des Zweiten Weltkriegs baute das Unternehmen Kriegsmaschinen wie zum Beispiel Bausätze für das Hinterrad von Flugzeugen und Munition. Dadurch war die Traktorenherstellung eingeschränkt.

Aber John Deere hatte am Ende des Krieges eine neue Fabrik in Dubuque am Mississippi, wo der erste Nachkriegs-Traktor, das Model M, gebaut wurde. Dieser ersetzte den H und hatte auch sonst viele Neuerungen wie einen vertikal montierten 2-Zylinder-Motor. Die Hinterachse wurde durch eine Welle und nicht direkt über das Getriebe angetrieben. Model M war ein Allzwecktraktor, relativ niedrig gebaut und mit verstellbaren Achsen – eine Mischung

Große Traktoren für Reihenfruchtarbeiten wie der hier abgebildete 4250er halfen John Deere über die wirtschaftlichen Probleme der 80er-Jahre hinweg.

aus traditionellem Traktor für Reihenfruchtarbeiten und Traktor mit Standardspurweite.

1949 brachte John Deere seinen ersten Dieseltraktor, Model R, auf den Markt. Er war ein echter 5-Pflug-Traktor mit einem 6,8-Liter-Dieselmotor, der 51 PS an der Zapfwelle und 46 PS an der Zugstange leistete. Model R war einer der leistungsstärksten und sparsamsten Traktoren auf dem Markt. Von 1949 bis 1951 wurden 20 000 Model-R-Traktoren verkauft.

In den 50er-Jahren wurde die 2-Zylinder-Serie modernisiert und 1952 wurden alle Modelle umbenannt: Model M wurde zum 40er; B wurde zum 50er; der A wurde zum 60er, G zum 70er und der R wurde zum 80er. Benzintraktoren wurden mithilfe eines Duplex-Vergasers leistungsstärker, Dreipunktkupplung wurde zur Norm und ebenso die Hydraulik und die Zapfwelle. Die Traktoren hatten Servolenkung und der 2-Zylinder-Motor bekam eine Wasserpumpe. Der neue 70er-Diesel verwendete

RECHTS
Der 2040S mit Allradantrieb kam viel später und er war viel kleiner, aber im gleichen Gelb und Grün gestrichen wie der ursprüngliche Waterloo Boy.

Gegen Ende der 60er-Jahre war die 20er-Serie die erste große Neuerung seit der erfolgreichen 4- und 6-Zylinder-10er-Serie. Außer dem hier abgebildeten 4320er gab es den 4520er (122 PS), John Deeres erster Traktor mit Turbolader.

zum Starten einen kleinen V-4-Hilfs-Benzinmotor. 1955 wurden die Traktoren wiederum umbenannt, der 40er wurde zum 420er usw. und ein kleiner 320er-Allzwecktraktor kam neu hinzu. Zwei Jahre später kam die 30er-Serie auf den Markt. 1959 kam der 435er mit einem 2-Zylinder-General-Motors-Zweitakt-Dieselmotor auf den Markt.

In den 50er-Jahren begann der Kampf um PS-starke Traktoren, außerdem wollten die Landwirte bessere Getriebe, flexiblere Hydraulik und mehr Komfort. Der 2-Zylinder-Motor war nicht mehr ausreichend und John Deere begann hinter verschlossenen Türen einen neuen Traktor zu entwickeln. Als die ersten Prototypen fertig waren, kaufte das Unternehmen ein Stück Land in der Nähe von Waterloo, um heimlich Traktoren zu testen. Selbst als die ersten Serientraktoren zum Verschiffen bereit waren, wurden die Maschinen in riesigen Kartons

1970 begann das Unternehmen seine eigenen Großtraktoren mit Allradantrieb zu bauen. Dieser 7520er war eine aktualisierte Version des ursprünglichen 7020er (145 PS).

versteckt. Sieben Jahre Forschung, Entwicklung und Tests blieben somit ein Geheimnis. Als die New Generation 1960 auf den Markt kam, waren alle Händler über die neuen Traktoren erstaunt.

Es gab vier Modelle: den 1010er (36 PS) mit einem 4-Zylinder-Benzin- oder Dieselmotor und einem 5-Gang-Getriebe, den ähnlich gebauten 2010er (47 PS), der allerdings ein 8-Gang-Synchro-Getriebe hatte, mit dem man ohne anzuhalten zwischen hohen und niederen Bereichen schalten konnte. Der größte 4-Zylinder-Traktor war der 3010er (59 PS), der auch mit John Deeres neuestem Hydrauliksystem ausgestattet war. Dieses brachte mithilfe einer großen Pumpe Hydraulik für das Hubwerk, die Servolenkung und die Servobremsen.

Der große 4010er hatte einen 6-Zylinder-Benzin-, Diesel- oder Autogas-Motor und war damit doppelt so leistungsstark wie der alte 730er, kostete aber nur 18 % mehr. Ein Jahr darauf kam der 5010er mit 121 PS auf den Markt; dies war der erste Zweiradantrieb-Traktor mit mehr als 100 PS. Deere verkaufte auch Wagners Allradantrieb-8010er, ein 216 PS starker Großtraktor, der allerdings nicht so erfolgreich war, weil Getriebe und Kupplung immer wieder kaputtgingen. Außer einem einzigen Traktor wurden alle fünfzig 8010er unter Garantie zurückgerufen. John Deeres

eigene neue Traktoren hatten solche Probleme nicht, obwohl 90% der Bauteile völlig neu waren. Die zwei kleineren Traktoren wurden mit den Bauteilen des 3010er und 4010er aufgerüstet. Außerdem verkaufte Deere neue Traktoren, die in seiner Fabrik in Mannheim gebaut wurden. John Deere kaufte Lanz 1956 auf und wie die meisten US-Traktorenhersteller wuchs die Firma zu einem globalen Unternehmen mit Produktionsstätten in Frankreich, Argentinien, Mexiko, Spanien und Südafrika.

1963 wurde ein 8-Gang-PowerShift-Getriebe eingeführt, mit dem man ohne Kupplung während der Fahrt in alle Gänge schalten konnte. 1968 brachte Deere seinen ersten Traktor mit Turbolader heraus: den 4520er (122 PS) mit einem 6,6-Liter-6-Zylinder-Dieselmotor. Er war auch mit hydrostatischem, zuschaltbarem Vorderantrieb ausgestattet; eine Neuheit, die es später auf Wunsch auch für den 3020er und den 4020er gab.

Zur gleichen Zeit arbeitete John Deere an einem Prototyp für einen 200-PS-Zweiradantrieb-Traktor: der X60 wurde allerdings nie in Serie hergestellt. Trotzdem brachte John Deere 1970 seinen eigenen Großtraktor mit Allradantrieb und Knicklenkung auf den Markt: den 7020er mit 145 PS.

Die 60er-Jahre waren sehr erfolgreich für das Unternehmen. Die New Generation ersetzte die alten Traktoren ohne große Probleme und John Deere wurde auch zum ersten Mal US-Marktführer für Landwirtschaftsmaschinen und Leichtindustrie.

Die New Generation aus den 60er-Jahren musste ersetzt werden und 1972 kam Generation II mit Sound-Gard-Kabine auf den Markt.

Traktorenhersteller wurden sich nur langsam über die Notwendigkeit von komfortablen und sicheren Kabinen bewusst und John Deere war der Erste, der Überrollstrukturen ab 1966 auf Wunsch anbot. Er überließ dieses Patent auch allen seinen Konkurrenten. In den 60er-Jahren hatte es schon einmal Kabinen gegeben, aber sie schützten lediglich vor Regen. Die Sound-Gard-Kabine war auf Gummidämpfern am Traktor montiert und hatte Überrollschutz

Während der 80er- und 90er-Jahre wurden die Großtraktoren größer, leistungsstärker und raffinierter. Obwohl sie im Kauf und Unterhalt teuer waren, brachten sie auf den großen landwirtschaftlichen Gütern Einsparungen, da sie schneller arbeiteten als die herkömmlichen Traktoren mit Zweiradantrieb.

Spezial-Bagger eröffneten in den 90er-Jahren einen neuen Markt; John Deeres erster Bagger, der 3400er, wurde jedoch von Matbro gebaut.

eingebaut. Es war leise und bequem in der Kabine, außerdem war die Kabine auch mit Heizung und Klimaanlage erhältlich. Getönte Fenster rundum erleichterten die Sicht und Sicherheitsgurt und verstellbares Lenkrad erhöhten Komfort und Sicherheit für den Fahrer.

Trotz des höheren Preises waren drei Viertel aller Landwirte bereit, mehr Geld für die Sound-Gard-Kabine auszugeben. Diese Kabine gab es für alle Traktoren der neuen 30er-Serie: den 4030er (80 PS), den 4230er (100 PS), den 4330er (125 PS) und den 4630er (150 PS). Die drei Letzteren hatten alle den gleichen 6,6-Liter-6-Zylinder-Dieselmotor, entweder mit Turbo oder Turbo-Intercooler. Alle Modelle waren mit einem 8-Gang-Synchro-Getriebe und

hydraulischer Perma-Kupplung ausgestattet.

1973 kamen der 830er (35 PS), der 1530er (45 PS) und der 2630er (70 PS) hinzu. Sie hatten 3- bzw. 4-Zylinder-Dieselmotoren. Der 2040er und der 2240er wurden in Mannheim und der 2440er und 2640er wurden in Dubuque gebaut.

John Deere arbeitete auch an einem leistungsstarken Benzinturbinentraktor. Ein 250-PS-Motor wurde auch tatsächlich gebaut, aber die Probleme mit hohem Treibstoffverbrauch und Herstellungskosten konnten nicht gelöst werden. Die Ölkrise 1973 setzte dem Projekt endgültig ein Ende. Stattdessen konzentrierte das Unternehmen sich auf konventionelle Dieselenergie; davon hatte die 40er-Serie aus dem Jahre 1977 mehr als genug: Mit 7,6-Liter-6-Zylinder-Motoren reichte sie von 90 PS bis 180 PS und die Traktoren waren ohne Turbo, mit Turbo oder mit Turbo-Intercooler zu haben.

1981 kamen zwei Großtraktoren aus der 50er-Serie auf den Markt. Der 8450er (225 PS) und der 8650er (290 PS) bekamen den Namen „Belt Tightener". Hinzu kam der brandneue 8850er mit John Deeres eigenem V8-Turbo-Dieselmotor, der 370 PS an der Kurbelwelle und 300 PS an der Zapfwelle leistete.

Trotz Investitionen in neue Fabriken und Traktoren bekam auch John Deere den Rückgang in Traktorenverkäufen in den 80er-Jahren zu spüren.

Das Unternehmen hatte 1986 und 1987 finanzielle Verluste und reduzierte die Zahl der Mitarbeiter um fast die Hälfte; damit verloren mehr als 27 000 Menschen ihren Job. Aber die Firma überlebte und war besser dran als die meisten ihrer Konkurrenten. International wurde von Case übernommen und Allis-Chalmers machte zu, während Deere am Ende der 80er-Jahre mehr als die Hälfte des US-Traktorenmarktes in der Hand hatte.

1982 führte John Deere die 50er-Serie ein – große Traktoren für Reihenfruchtarbeiten: der 4050er (100 PS), der 4450er (140 PS), der 4650er (165 PS) und der 4850er (190 PS). Es gab mehrere Neuerungen wie zum Beispiel mechanischen Vorder radantrieb. Seit 1968 bot Deere hydrostatischen, zuschaltbaren Vorderantrieb, aber ein mechanisches System bot bessere Bodenhaftung und einen kleineren Wendekreis. Der große 4850er war mit 16-Gang-PowerShift ausgestattet, während die kleineren Traktoren 16-Gang-Quad-Range als Standard hatten. Investigator II war ein elektronisches Warnsystem für mögliche Fehlleistungen des Traktors.

Die 50er-Serie (Efficiency Experts) reichte von 45 bis 85 PS: vom 3-Zylinder-2150er bis zum 6-Zylinder-2950er. Alle diese Traktoren wurden in Mannheim gebaut, aber für die 40-PS-Klasse importierte Deere einen Yanmar-Traktor und nannte ihn 1250er. 1984 kamen größere Yanmars hinzu: der 1450er mit 50 PS und der 1650er mit 60 PS.

John Deeres 3000er-Serie umfasste die schwächeren Traktoren mit 55 bis 85 PS. Hier sieht man die abfallende Motorhaube der 90er-Jahre.

Der Kompakt-4500er war eigentlich ein japanischer Yanmar, der in Amerika mit den John-Deere-Farben verkauft wurde.

Auch das Model 900 (25 PS) für Einzelreihengemüse und Blumenanbau wurde aus Japan importiert. Mitte der 80er-Jahre kamen noch einige Spezialtraktoren hinzu: der 2750 Mudder mit großer Bodenfreiheit und Vierradantrieb und eine Reihe von Traktoren mit großer Spurweite, die für Tabakanbau geeignet waren: der 2350er, der 2550er, der 2750er und der 2950er. Der 3250er (95 PS) hatte einen mechanischen Vorderradantrieb, der sich automatisch bei Bedarf einstellte.

Die in Mannheim gebauten Traktoren wurden 1987 nochmals aktualisiert und

kamen als 55er-Serie auf den Markt. Der 2355N war ein Spezialtraktor für Obst- und Weinanbau.

Es gab ein sehr großes Spektrum an Getrieben: CollarShift, TSS (top-shaft synchronisation), TSS mit Hi-Lo (16-Gang), TSS-Kriechgetriebe (12-Gang) oder 8-Gang-

CollarShift mit hydraulischem Richtungs-Reversierer.

Die in Waterloo gebaute 55er-Serie, die großen Row-Crops, erschienen nicht vor 1989 auf dem Markt. Es gab sechs Modelle, alle waren mit einem 7,6-Liter-6-Zylinder-Dieselmotor ausgestattet. Zum ersten Mal wurden verschiedene Radabstände zur Auswahl angeboten: 269 oder 300 cm, erhältlich für alle Modelle vom 4055er (105 PS) bis zum 4955er (200 PS). Der 4955er hatte ein 15-Gang-PowerShift-Getriebe, während alle kleineren Modelle ein 16-Gang-Quad-Range-Getriebe und elektrohydraulische Steuerung der Anhängerkupplung hatten. Die Allradantrieb-Großtraktoren wurden auch aktualisiert und in die 60er-Serie umbenannt. Sie hatten ein längeres Fahrgestell und drei neue Getriebe zur Auswahl: 12-Gang-Synchro, 24-Gang-PowerSync mit eingebautem Hi-Lo und eine 12-Gang-PowerShift. Die Leistung reichte von 200 PS des 8560er bis 370 PS des mit einem Cummins-Motor betriebenen

Moderner Komfort. Das Innere eines Traktors des 21. Jahrhunderts wäre für die Pioniere 100 Jahre früher nicht vorstellbar gewesen.

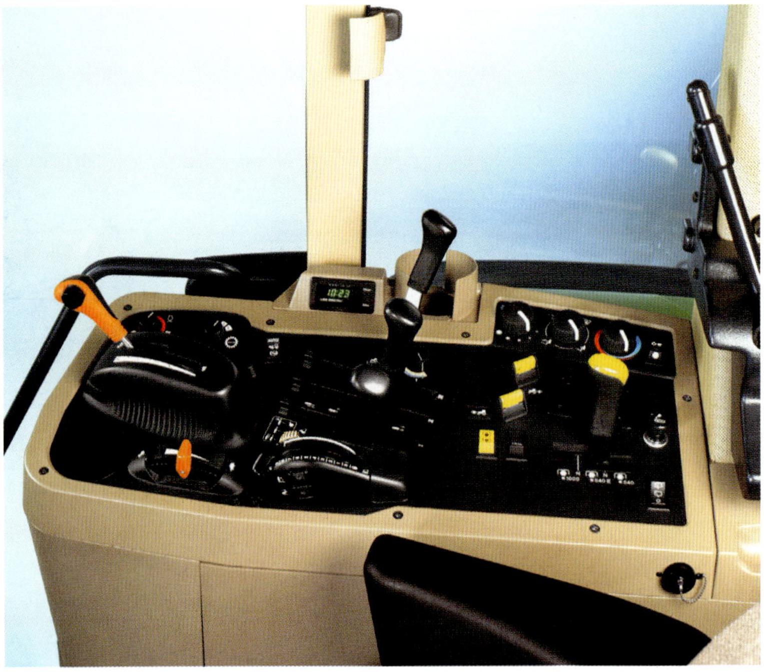

8960er. Selbstverständlich konnte man bei diesen Modellen auf Wunsch Dreifach-Bereifung haben.

Anfang der 90er-Jahre wurden nicht viele Modelle aufgerüstet, aber dieses Jahrzehnt brachte seine eigenen Veränderungen. Eine davon kam ganz besonders unerwartet. Ab Ende der 70er-Jahre lohnte es sich immer weniger, in den USA kleine und mittelgroße Traktoren zu bauen. Alle großen Hersteller importierten billigere Maschinen aus dem Ausland, versahen sie mit ihrem Logo und den eigenen Farben und verkauften sie unter ihrem eigenen Namen. Es sah aus, als wäre das Ende der amerikanischen Unter-100-PS-Traktoren gekommen.

OBEN
Mit den Traktoren werden auch die Bedienelemente immer komplexer.

RECHTS
Mehr als jemals zuvor spielte Ergonomie eine tragende Rolle im Traktorendesign. Beachten Sie den Beifahrersitz in diesem John-Deere-Traktor.

RECHTE SEITE
Der 6420S entwickelte sich aus der 6000er-Serie, die ab 1993 in Mannheim in Deutschland gebaut wurde.

6420 S
JOHN DEERE

Gegen Ende der 90er-Jahre wurden John Deeres größte Traktoren für Reihenfruchtarbeiten in 8000er umbenannt. Die Großtraktoren wurden zur 9000er-Serie.

Aber das war nicht der Fall. Während der 90er-Jahre fing John Deere an, wieder kleinere Traktoren in Amerika zu produzieren, und ersetzte so mit der Zeit die Importe aus Deutschland. 1992 kam die 5000er-Serie auf den Markt, eine neue Reihe, die in einer neuen Fabrik in Atlanta, Georgia, gebaut wurde. Der 5200er (40 PS), der 5300er (50 PS) und der 5400er (60 PS) hatten alle einen 3-Zylinder-Dieselmotor, 9-Gang-Getriebe und Servolenkung. Im nächsten Jahr wurde die 55er-Serie durch die 6000/7000er-Serie ersetzt. Dies waren, abgesehen von neun Bauteilen, die aus der alten Serie übernommen wurden, völlig neue Traktoren. Die 4-Zylinder-6000er kamen aus Mannheim, die 6-Zylinder-7000er aus Waterloo. Sie umfassten den 6100er (75 PS) bis zum 7800er (140 PS) – acht Traktoren insgesamt – alle mit Deeres neuen Dieselmotoren ausgestattet. Alle Traktoren hatten eine Comfort-Gard-Kabine, die mit 72dB den niedrigsten Geräuschpegel aller Traktoren haben sollte. Die neue Kabine bot 40 % mehr Platz als die alte Sound-Gard-Kabine und 20 % mehr Fensterfläche. Getriebe (19-Gang-PowerShift, später 20-Gang-PowerQuad), Hydraulik,

Zapfwelle und elektrohydraulische Anhängerkupplung waren alle neu.

Als Nächstes mussten die großen 4000er-Row-Crop-Traktoren aktualisiert werden. Sie bekamen mehr Leistung und ein 16-Gang-PowerShift-Getriebe und wurden in die 8000er-Serie umbenannt. Der 8100er, der 8200er und der 8300er (160–200 PS) verwendeten alle den gleichen Dieselmotor mit kleinen Abweichungen. Dazu kam der 8400er (225 PS) mit einem neuen 8,1-Liter-Motor. Er hatte zuschaltbaren Vorderantrieb als Standard. 1996 baute Deere einen Teleskoplader, den 4400er; diese Spezialmaschinen übernahmen immer mehr die Arbeit von den Allzwecktraktoren – sie konnten Heuballen aufstapeln und ebenso gut Getreide aufschaufeln. Der 4400er wurde von Matbro in Großbritannien für Deere gebaut. Im gleichen Jahr kam eine 6-Zylinder-Version des 6000er, der 6605er, auf den Markt; später folgte der 6900er.

Deere entging der Erfolg von Caterpillar mit seinen revolutionären Gummiketten-Raupenfahrzeugen nicht. 1999 brachte Deere eine Gummiketten-Version der großen 8000er-Serie auf den Markt. Das brachte so einen Erfolg, dass auch die Großtraktoren damit ausgestattet wurden (9000er-Serie).

In der Zwischenzeit wurden die 6000er und 7000er mit einem neuen vollautomatischen, elektronisch gesteuerten Getriebe ausgestattet.

Obwohl vieles dagegen sprach, überlebte die Firma John Deere als unabhängiges Unternehmen ein turbulentes Jahrhundert, kam bis an die Spitze und konnte damit gelassen dem 21. Jahrhundert entgegensehen.

OBEN
1993 kam die neue 7000er-Serie auf den Markt: Dies waren John Deeres mittelgroße Traktoren für Reihenfruchtarbeiten, die bis zu 170 PS leisteten. Das war allerdings kein Rekord, der X60-Prototyp mit 200 PS war bereits 25 Jahre zuvor gebaut worden.

LINKS
Gummiketten waren eine Option für den 8000er des 21. Jahrhunderts. Dieser Landwirt bevorzugte allerdings konventionelle Räder.

KECK GONNERMAN

Die beiden Brüder John und Louis Keck taten sich 1873 mit Louis Gonnerman zusammen, um in Mt. Vernon, im US-Bundesstaat Indiana, Dampf- und Dreschmaschinen sowie Sägemühlen zu bauen. 1917 erweiterten sie die Produktion mit benzinbetriebenen Traktoren.

Sie stellten nicht die für die damalige Zeit typischen schweren Prärietraktoren her, sondern boten einen kleinen 12/24er an, der im Aussehen dem Aultman-Taylor ähnelte. Er hatte einen 8,7-Liter-2-Zylinder-Motor und kostete 1.250 US-$. Ein etwas größeres Modell mit einem 184-mm-Zylinder anstelle des 163-mm-Zylinders beim 12/24er hatte 15/30 PS. Allerdings kostete es 400 US-$ mehr als der erste Traktor. Wie andere Traktorenhersteller seiner Zeit war auch Keck Gonnerman gezwungen, die Preise zu reduzieren, um gegen sinkende Verkaufszahlen und die Bedrohung durch den Fordson anzukämpfen (1923 kostete der 15/30er nur noch 1.075 US-$, und wenn man ein Dach wollte, 25 US-$ extra).

Aber der 15/30er sah im Vergleich zur neuen Generation der leichteren Traktoren veraltet aus. Daher stellte Keck Gonnerman 1928 eine völlig neue Serie moderner 4-Zylinder-Traktoren vor. Der kleinste davon war der 18/35er. Bis 1935 hatte er einen 6,3-Liter-Budamotor, danach einen größeren Waukesha.

Kurzlebiger war der 22/45er, der bald als 25/50er präsentiert wurde. Mit seinen 4 445 kg wog er fast doppelt so viel wie sein kleinerer Bruder und kostete fast 3.000 US-$. Viele Teile wurden dazugekauft, wie zum Beispiel der 9,9-Liter-

In der Firmengeschichte von Keck Gonnerman gab es, wie bei John Deere, eine 2- und eine 4-Zylinder-Ära. Dieser Traktor stammt aus Letzterer.

Le-Roi-4-Zylinder-Motor, der Ensign-Vergaser und der Eisemann-Magnetzünder. Der größte neue Keck Gonnerman war der 27/55er, der kurz darauf als 30/60er auf den Markt kam. Vielleicht war man wie Huber in Bezug auf die PS-Zahlen manchmal etwas zu zurückhaltend. Jedenfalls war der 30/60er ein starker Traktor, der bei Sägemühlenbetreibern beliebt war. Die Produktion wurde 1937 eingestellt.

LAMBORGHINI

Ferruccio Lamborghini hatte schon lange Traktoren hergestellt, bevor er mit seinen Luxus-Sportautos berühmt wurde. Angeblich stieg er erst nach einem Streit mit Enzo Ferrari ins Autogeschäft ein. Lamborghini hatte sich bei diesem darüber beschwert, dass das Getriebe seines Ferrari zu laut war. Daraufhin erwiderte Ferrari, er

Ferruccio Lamborghini baute Traktoren, lange bevor er sich Luxus-Sportautos zuwandte, verkaufte aber in den späten 60er-Jahren an SAME.

solle sich doch lieber um den Traktorbau kümmern. Lamborghini reagierte darauf mit einer eigenen Serie von Luxus-Sportautos, um Ferrari Konkurrenz zu machen, aber sein Hauptgeschäft bestand seit den späten 40er-Jahren aus Traktoren.

Ab 1947 verwendete er in einer „Schwerter-zu-Pflugscharen-Aktion" militärische Restbestände, um Traktoren herzustellen. So gelang es Lamborghini beispielsweise, 1 000 Morris-Benzinmotoren zu kaufen. Als es keine Morrismotoren aus Armeebeständen mehr gab, verwendete Lamborghini deutsche MWM- und englische Perkins-Dieselmotoren, bis er 1954 seine eigenen luftgekühlten Motoren herstellte.

Aber sein Ehrgeiz ging über Traktoren hinaus, und in den frühen 60er-Jahren stellte

Dieser Lamborghini 674 hatte schmale Reifen und eine komplette Spritzausrüstung.

er zudem Ölbrenner und Ventilatoren her – sowie, nach Ferraris Abfuhr, natürlich Sportautos. Mittlerweile blühte das Traktorgeschäft, und jährlich wurden bis zu 1 500 Stück produziert. Aber Lamborghinis Zuversicht wurde zunichte gemacht, als ein riesiger Auftrag über 5 000 Traktoren in den 60er-Jahren von Bolivien zurückgezogen wurde. Daraufhin verkaufte er an den italienischen Konzern SAME. Hier erlebten die Lamborghini-Traktoren eine neue erfolgreiche Phase. Bald produzierte man 5 000 Traktoren und Raupenfahrzeuge mit luftgekühlten 2-, 3-, 4- und 6-Zylinder-Motoren. 1980 waren es bereits 10 000. Eine neue Generation hochmoderner Lamborghinis folgte, und der Fortbestand dieser anerkannten Marke scheint nun innerhalb der SAME-/Deutz-Gruppe gesichert.

LANDINI

Giovanni Landini hat die Traktoren, die seinen Namen tragen, nie gesehen. Schon in jungen Jahren stellte er landwirtschaftliche Maschinen her. 1911 baute er Dampfmaschinen und sechs Jahre später Verbrennungsmotoren. Er starb 1924.

Seine Söhne führten sein Unternehmen weiter und brachten schon 1925 den ersten Landini-Traktor auf den Markt. Er hatte 30 PS und einen 1-Zylinder-Testa-Calda-(Glühkopf-)Motor. Glühkopfmotoren basierten auf dem 2-Takt-Prinzip und waren ziemlich grobe Apparate. Aber sie liefen mit fast jedem brennbaren Treibstoff und hatten den Vorteil, dass sie einfach und billig waren.

Der Landini 9880. Das Unternehmen konzentrierte sich bis in die späten 50er-Jahre auf 1-Zylinder-Traktoren. Dann wurde es durch neue Fahrzeuge mit Perkinsmotoren gerettet.

RECHTS
Ein Lanz HR8 mit einem riesigen 1-Zylinder-Halbdiesel.

UNTEN
Lanz baute in späteren Jahren konventionellere Traktoren wie zum Beispiel den abgebildeten.

stattdessen konventionelle Multi-Zylinder-Dieseltraktoren wie den 300er mit vier Zylindern und 26 PS oder den 500er mit 31 PS her. Aus der blassblauen Farbe bei Lanz wurde bei John Deere nun Grün und Gelb; 1960 kamen der 200er mit einem 2-Zylinder-Motor sowie der 700er mit 10 Gängen und 43 PS heraus. Das Mannheimer Werk arbeitet heute mit seiner Traktorenproduktion für Europa und Nordamerika sehr erfolgreich.

LATIL

Obwohl Latil in Frankreich von 1914 bis in die 50er-Jahre Traktoren mit Allradantrieb baute, sind sie selbst bei Traktorliebhabern nicht sehr bekannt. Die Maschinen wurden als Schlepper für Transporte auf der Straße, bei der Waldarbeit sowie auf dem Feld eingesetzt.

Georges Latils erster Traktor hatte nicht nur einen Allradantrieb, sondern auch eine Allradlenkung. Er wurde bis in die 20er-Jah-

Der französische Latil wurde in erster Linie für Transporte genutzt, aber mit seinem Allradantrieb war er auch für die Feldarbeit geeignet.

re hergestellt. Weitere Latil-Modelle, ebenfalls mit Allradantrieb, wurden in den 30er-Jahren in Belgien und England gebaut. In England wurden sie in Lizenz sogar noch bis in die späten 50er-Jahre produziert.

Ein typischer Latil aus den 30er-Jahren war der JTL mit einem 3,0-Liter-Benzinmotor und einem 6-Gang-Getriebe. Wie sein Vorgänger sah auch dieser eher wie ein zurechtgestutztes Lastwagenchassis aus, aber mit seinem Allradantrieb und den verschiedenen Reifenvarianten ließ er sich wunderbar mit einem 5-scharigen Pflug einsetzen. In den 50er-Jahren hatte er sich zum H14 TL mit einem 5,6-Liter-Dieselmotor und 45 PS weiterentwickelt. Auch dieser hatte natürlich einen Allradantrieb, eine Allradlenkung sowie ein 8-Gang-Getriebe. Weitere Neuerungen waren Bedienelemente, die in beiden Richtungen betätigt werden konnten, sowie zwei Fahrersitze, so dass der so genannte Navette problemlos vorwärts und rückwärts gesteuert werden konnte. Die Firma stellte zudem einen beidseitig verwendbaren Pflug her. Man hängte ihn am Vorgewende ab, fuhr den Traktor dann zum anderen Ende des Pflugs und hängte ihn für die Rückfahrt wieder an.

In den 50er-Jahren wurde Latil leider vom Traktorenhersteller SAVIEM übernommen, wo man sich immer stärker auf Forstmaschinen konzentrierte.

LEADER

Es gab mehrere Hersteller von Leader-Traktoren in Nordamerika. Die Leader Gas Engine Co. war der Erste. Dieses Unternehmen entstand aus einer Firmenübernahme und begann 1913 in Grand Rapids, Michigan, mit der Produktion. Allerdings überlebte der Leader-Traktor hier nicht lange; er wog 2 268 kg, wurde durch einen 2-Zylinder-Motor angetrieben und hatte zwölf PS an der Zugstange.

Dann folgte die Leader Tractor Manufacturing Co. in Des Moines, Iowa. Sie wurde 1918 gegründet und hatte nichts mit dem vorigen Hersteller zu tun.

Sie war die erklärte Nachfolgerin der Ohio Tractor Mfg. Co. 1920 brachte man den 12/25-PS-Rex-Traktor auf den Markt, der dem Huber Light Four ähnelte. Er wurde von einem 5,3-Liter-4-Zylinder-Waukeshamotor angetrieben und wog 2 540 kg. Ein weiterer Leader-Hersteller tauchte 30 Jahre später auf, dieses Mal in Chagrin Falls, Ohio. Dieser verkaufte das kleine Model D mit einem Gewicht von nur 1 134 kg, das einen 2-scharigen Pflug mit je 30 cm ziehen konnte. Eine Riemenscheibe, mit der man Zusatzgeräte anhängen konnte, sowie eine Zapfwelle gehörten zum Standard.

Die Firma Leader aus Chagrin Falls in Ohio bot dieses kleine Model D im Jahr 1950 an. Es hatte einen 2,2-Liter-Herculesmotor.

Marshall war fast so eine britische Institution wie das im kanadischen Besitz befindliche Unternehmen Massey-Ferguson.

Fünf Jahre nach Kriegsende brachte MAN Traktoren auf den Markt, die ausgefeilter und komplexer waren als die 1-Zylinder-Lanz und -Hanomag. Diese neue Generation konnte wahlweise mit Zwei- oder Allradantrieb gefahren werden, was damals sehr ungewöhnlich war. Mit dieser Variante wurden in den 50er-Jahren die Modelle der 25- bis 45-PS-Traktoren ausgestattet. Darauf folgten größere Traktoren wie der 4-Zylinder-4S2 mit 50 PS, für den man auch eine Kabine bekommen konnte. Doch bald suchte das Unternehmen nach einem Weg, um aus der Traktorenproduktion auszusteigen, und brachte diesen Teil bei Porsche unter. Vier Jahre später baute Mannesmann, zu der Zeit Inhaber der Porsche-Traktoren, den letzten Traktor mit MAN-Aufschrift. Seit 1924 waren insgesamt 40 000 Stück hergestellt worden.

MARSHALL

Die britische Firma Marshall war ein erfolgreicher Hersteller von Dampfmaschinen und baute 1908 ihren ersten benzinbetriebenen Traktor. Inspiriert durch den deutschen Lanztraktor brachte das Unternehmen 1929 einen neuen 1-Zylinder-2-Takt-Diesel, den 15/30er, heraus. Anders als der Lanz (oder die Landini- und HSCS-Diesel) war der Marshall ein Volldiesel, der mit Kompression statt mithilfe eines Glühkopfs arbeitete. Beim Kaltstart verwendete man einen brennenden Docht und warf den Motor mit einer Kurbel an. Später wurde er mit Zündpatronen oder elektrisch angelassen. Der Marshall wurde bald der beliebteste Traktor der britischen Farmer, und das Tuckern seines niedertourigen Motors (750 U/min) war in den 30er-Jahren ein vertrautes Geräusch. Ein weiteres Modell war der kleinere 12/20er, und 1945 wurde der erste Marshall als Serie I angeboten. Er sah moderner aus, aber unter dem äußeren Gewand war er mit seinem Cousin aus der Vorkriegszeit fast identisch. Von 1947 bis 1952 kamen die Serien II, III und IIIa heraus. Sie wurden immer weiter verbessert, und so kamen nach und nach bessere Bremsen, Kuhl-

Marshall blieb bei seinen 1-Zylinder-Dieseln und versuchte vergeblich, mit den Multi-Zylinder-Traktoren der Konkurrenz mitzuhalten.

systeme, größere Hinterräder und Kolben sowie neue Kraftstoffpumpen, ein elektrischer Anlasser, ein hydraulischer Kraftheber oder eine Dreipunktkupplung dazu.

Aber die Konkurrenz war billiger und leistungsstärker. Außerdem war es eine Tatsache, dass der ehrwürdige Field Marshall mit seinem 1-Zylinder-Motor tatsächlich veraltet war. 1954 baute man noch den größeren und teureren MP6 mit 70 PS, der von einem 6-Zylinder-Leyland-Diesel angetrieben wurde. Aber selbst das konnte nicht verhindern, dass das Unternehmen den Traktormarkt 1957 aufgab und sich auf Raupenfahrzeuge konzentrierte. Allerdings war dies noch nicht das Ende der Marshall-Traktoren; in den 80er-Jahren übernahm Marshall die Herstellung der Leyland-Traktoren, benannte sie um und verkaufte sie bis zum Jahr 1991 als Marshalls.

Marshall mit Neuerungen wie dem hydraulischen Kraftheber und einem elektrischen Anlasser.

Raupenausführung des Marshalls, mit dem gleichen mechanischen Aufbau.

Eines der frühen Massey-Ferguson-Modelle: der 65er mit großer Bodenfreiheit.

MASSEY-FERGUSON

Massey-Ferguson, einer der bekanntesten Traktorenhersteller, entstand aus einer Fusion von Massey-Harris in Kanada und Harry Ferguson Inc. Der wechselhafte Ferguson war bereits seit längerem in Kontakt mit Massey-Harris, und als er sich mit Ford entzweite und die Zusammenarbeit mit diesem vorbei war, benötigte er einen neuen Geschäftspartner. Zunächst lehnte die kanadische Geschäftsleitung ab, da sie die Verbindung als zu riskant einschätzte, doch bald erkannte sie,

dass der Bau eines modernen leichten Traktors mit einer Dreipunktkupplung nicht nur risikofrei, sondern nötig war, damit das eigene Unternehmen fortbestehen konnte.

So kam es 1953 schließlich zur Fusion von Massey-Harris mit Ferguson, der mittlerweile Traktoren in England sowie den USA herstellen ließ. Massey-Harris-Ferguson war geboren (bald darauf wurde die Firma unter dem Namen Massey-Ferguson bekannt). Aber innerhalb eines Jahres war Harry Ferguson aufgrund von Unstimmigkeiten aus dem Unternehmen ausgestiegen. Nach dem Kauf von Fergusons Anteilen führte die kanadische Geschäftsleitung ein Unternehmen mit riesigem Potenzial und Werken auf beiden Seiten des Atlantiks. Eine Zeit lang war Massey-Ferguson der größte Traktorenhersteller der Welt.

Nach der Fusion setzte man den Bau der Ferguson- und Massey-Harris-Traktoren in Detroit, Kanada und England ziemlich unverändert fort. Dies erwies sich allerdings als schlechte Entscheidung, da sich alle auf kleine Fahrzeuge spezialisierten. Zwar wurden einige Massey-Harris-Traktoren als Fergusons verkauft und umgekehrt, aber das war keine echte Rationalisierung. Zudem hatte Massey-Ferguson keinen großen Traktor im Programm; der Prototyp des LTX

Der 97er war eigentlich ein umlackierter Minneapolis-Moline. Damit konnte Massey-Ferguson einen 100 PS starken Traktor verkaufen, bis der eigene fertig gestellt war.

Der 97er war wahlweise mit Allradantrieb erhältlich.

60 von Ferguson konnte zwar einen 5-scharigen Pflug ziehen und damit eine beeindruckende Leistung vorweisen, aber die Kanadier entschieden sich gegen die Herstellung dieses Modells. Es gab keine Reihenfruchtversion für die riesigen Getreidefelder der USA. Zudem hatte der LTX 60 einen speziellen Fergusonmotor, obwohl der Zukauf von Perkins- oder Continentalmotoren billiger gewesen wäre.

Aber ab 1957 ging es vorwärts, und die Palette wurde rationalisiert. Der MF TO-30 (der ehemalige Ferguson TO-30) bediente den unteren PS-Bereich, während der MF 50 als erweiterte Version des Fergie 35 auf den Markt kam. Den mittleren Bereich deckte der MF 65 ab. Er hatte einen 50-PS-Continentalmotor und ein 6-Gang-Getriebe. Er war auch mit einem 12-Gang-Lastschaltgetriebe, dem so genannten Multipower-Getriebe, erhältlich, mit dem man während der Fahrt zwischen zwei Bereichen wech-

seln konnte. Um große Traktoren anbieten zu können, die für den amerikanischen und kanadischen Markt sehr wichtig waren, kaufte Massey-Ferguson den massigen GVI mit 75 PS von Minneapolis-Moline und verkaufte ihn als MF 95 Super. Wie alle nach 1957 hergestellten Modelle war auch dieser in den neuen Firmenfarben Rot und Grau lackiert. Dank seines 7-Liter-6-Zylinder-Dieselmotors konnte sich Massey-Ferguson mit dem 95 Super im amerikanischen Weizengürtel etablieren.

Zusätzlich kaufte man den Oliver 990, einen 60-PS-Traktor, ein und bot ihn als Massey-Ferguson 98 an. Aber diese beiden dienten nur als Lückenfüller, bis man 1959 einen eigenen großen Traktor, den 88er, herausbrachte. Er hatte einen 4-Zylinder-Benzin- oder Dieselmotor mit 60 PS. Als 85er war dieser auch als Reihenfrucht-

Allmählich begann MF seine eigenen großen Traktoren zu bauen – wie diesen 68 PS starken 90er aus dem Jahr 1962.

Ferguson in Kanada den 1200er, einen großen Supertraktor mit Allradantrieb sowie die Caterpillar 1500 und 1800 mit bis zu 171 PS. 1975 wurden diese durch die große 4000er-Serie ersetzt.

Die 70er-Jahre waren die Ära der ruhigen komfortablen Kabinen; Massey-Ferguson stattete seine Traktoren mit 80 und mehr PS ab dem Jahr 1971 mit neuen, ruhigeren Kabinen aus. Außerdem wurden viele Modelle optisch aufgefrischt und bekamen ein paar PS dazu. So wurde aus dem 1100er der 1105er, aus dem 1500er der 1505er und so weiter.

1973 glich man die kleineren Traktoren optisch an diese Gestaltung an, und auch sie bekamen zusätzliche PS. Die 200er-Serie (eigentlich eine Erweiterung der 100er-Red-Giants-Serie) begann mit 34 PS (beim 230er) und erreichte bis zu 82 PS (beim 285er). Sie wurde im Banner-Lane-Werk im englischen Coventry hergestellt, während man die Traktoren mittlerer Größe in den Massey-Ferguson-Werken im französischen Beauvais und in Detroit, USA, baute. Kurz darauf wurden zudem Landini-Traktoren

RECHTE SEITE

Der 95 Super war ein weiterer umbenannter Minneapolis-Moline. Er basierte auf dem 75 PS starken GVI.

UNTEN

Um den mittleren Bereich abzudecken, rüstete Massey-Ferguson den 35er zum neuen 50er um und bot darüber hinaus den 65er an.

MASSEY FERGUSON 95 SUPER

Die kleinen und mittelgroßen Massey-Fergusons wurden in England gebaut, während die großen, wie dieser 1100er mit 90 PS, in den USA produziert wurden. 1968 folgte der 135 PS starke 1150er.

importiert. Die größten Traktoren produzierte man nach wie vor in den USA und Kanada.

1976 wurde die 200er-Serie durch die modernere 500er-Serie ergänzt, die den Bereich von 47 bis 88 PS abdeckte. Sie hatte eine neue Kabine mit einer vibrationshemmenden Aufhängung, eine Zapfwelle mit zwei Gängen sowie eine hydrostatische Servolenkung. Um die Nachfrage nach immer stärkeren Traktoren mit Zweiradantrieb zu befriedigen, entwickelte man den 2770er mit 160 PS und den 2800er mit 190 PS, die bald darauf als 2775er mit 166 PS und 2805er mit 195 PS herausgebracht wurden.

Eine halbe Klasse tiefer ersetzten 1978 die MF 2675, 2705 und 2745 die alten 1105, 1135 und 1155.

Aber selbst der 2805er war mit seinen 195 PS nicht stark genug, um mit den größten Supertraktoren mitzuhalten. Daher ersetzte man 1980 den Perkinsmotor durch einen 14,8-Liter-Caterpillar-V8-Diesel. Mit den Modellen MF 4800, 4840, 4880 und 4900 deckte man nun eine Spanne von 179 bis 324 PS ab und war zumindest für eine Weile in diesem Bereich der Marktführer. Diese Traktoren hatten in der Standardausführung ein 12-Gang-Getriebe, wahlweise wurden sie auch mit 18 Gängen geliefert.

Aber es war keine leichte Zeit für Massey-Ferguson, da man in den frühen 80er-Jahren den Einbruch der Verkaufszahlen auf dem Traktormarkt zu spüren bekam und das Werk in Detroit schließen musste.

1981 ersetzte man die 500er- durch die exklusive 600er-Serie, die im Banner-Lane-Werk gebaut wurde. Sie umfasste die Modelle 675 (66 PS), 690 (77 PS) und 698 (88 PS). Später kam noch der 699er mit 95 PS und einem 6-Zylinder-Perkins-Dieselmotor dazu. Die Kabine war bei

Massey-Fergusons 300er-Serie aus den späten 80er-Jahren war billiger als die ausgefeilteren 600er-Traktoren. Dieser 399er war der leistungsstärkste der Serie.

550
MF

diesen Modellen besser belüftet, geräuschärmer und hatte wahlweise eine Klimaanlage. Darüber hinaus hatte die ganze Serie einen Allradantrieb.

Neben diesen Traktoren mit Luxusausstattung führte man die beliebte 200er-Serie fort und erfüllte damit Harry Fergusons Traum von einem leichten, einfachen und billigen Traktor. Diese Modelle erhielten einige Elemente der 600er-Serie und wurden erst 1986 durch die 300er-Serie ersetzt. Aufgrund ihrer Einfachheit und des niedrigen Preises war diese unter anderem in der Dritten Welt beliebt. Allerdings hatte der 399er immerhin 104 PS sowie den neuesten Perkins-Quadram-Diesel und war damit gar nicht so einfach ausgestattet.

Im französischen Beauvais wurde in den 80er-Jahren die Topline-2000-Serie entwickelt. Sie umfasste Modelle von 110 PS

LINKE SEITE
Ein Massey-Ferguson 550 zieht einen Bootsanhänger in Frankreich.

UNTEN
Massey-Ferguson konnte sich dem Wettrennen um leistungsstarke Traktoren nicht entziehen und reagierte 1968 mit diesem 1150er. Er hatte einen Perkins-V8-Motor mit 135 PS und war einer der letzten hochfrisierten Traktoren mit Zweiradantrieb.

Der kleine MF 135 wurde in zahlreichen Modellvarianten angeboten, wie zum Beispiel in dieser Schmalspurausführung für die Arbeit im Weinberg.

(beim 2640er) bis zu 147 PS (beim 2720er). Alle hatten verschiedene 6-Zylinder-Perkins-Diesel mit oder ohne Turbolader oder Ladeluftkühler, ein 16-Gang-Getriebe, das über Knopfdruck bedient wurde, sowie Allradantrieb.

1985 kam ein elektronisches Geräte-Management-System zur Steuerung von angebauten Geräten dazu. Kurz darauf folgte eine weniger PS-starke Serie, die allerdings als 3000er-Serie bezeichnet wurde. Vom 3050er (mit 71 PS) bis zum 3090er (mit 107 PS) hatten alle eine elektronische Gerätesteuerung.

Eine Neuerung war hier das Autotronic-System, mit dem die Differenzialsperre, der Allradantrieb und die Zapfwelle teilweise automatisch gesteuert werden konnten.

Optional war die Ausstattung mit Datatronic, einem Informations- und Kontroll-

system, das dem Fahrer zahlreiche Daten in der Kabine anzeigte.

1987 folgten leistungsstärkere Versionen, die die 2000er-Serie ersetzten. Sie wurden aber nur drei Jahre lang angeboten, dann wurde die 3000er-Serie durch die 3600er-Serie ersetzt. Sie war vorwiegend mit dem neuesten 6-Zylinder-Perkins-Dieselmotor ausgestattet, lediglich das Top-Modell dieser Serie hatte einen Perkins-Quadrammotor.

Mittlerweile hatte sich die Getriebetechnik erheblich weiterentwickelt, und die 3600er benötigten mehr als ihre 18 Gänge. Das Dynashift-Getriebe erfüllte diese Anforderungen. Es kombinierte ein epizyklisches 4-Gang-Differenzialgetriebe mit dem üblichen 8-Gang-Getriebe, so dass man insgesamt 32 Gänge erhielt. 24 davon konnte man während der Fahrt wechseln. Außerdem bestand keine Gefahr mehr, dass der

Etwas kleiner als der 135er war dieser gestylte 130er.

PÖTTINGER
PÖT
362

In den 80er-Jahren wurde die 300er-Serie weiterhin angeboten. Sie bestand aus schlichten Traktoren ohne Schnickschnack. Auf der linken Seite sieht man den 362er, unten ist der 365er abgebildet.

In den späten 70er-Jahren konnte es sich kein großer Hersteller leisten, auf einen Supertraktor mit Allradantrieb zu verzichten. Massey-Ferguson bot den in Kanada hergestellten 1250er an, der von einem 6-Zylinder-Perkinsmotor angetrieben wurde.

Fahrer bei Vollgas auf der Straße versehentlich den niedrigsten Rückwärtsgang einlegte, da dieser dann automatisch von der Getriebeelektronik blockiert wurde.

Unterdessen hatte AGCO Massey-Ferguson übernommen. 1991 kaufte der neue Riese den nordamerikanischen Zweig, drei Jahre später kamen weitere Teile dazu. Durch diese Übernahme verdoppelte sich AGCOs Umsatz über Nacht.

So wie Massey-Harris 40 Jahre zuvor war nun auch AGCO gezwungen zu rationalisieren. Die große Anzahl von Traktoren im 85- bis 180-PS-Bereich wurde nur durch zwei Reihen ersetzt: Die 6100er-Serie (86 bis 111 PS) mit einem 16-Gang-Speedshift-Getriebe bei der Standardausführung und wahlweise einem 32-Gang-Dynashift-Getriebe.

Die 8100er-Serie hatte bis zu 180 PS, ein Datatronic-II-System, das nun 22 Funktionen inklusive einer Kostenanalyse hatte.

Die Supertraktoren gab man schließlich ganz auf, da sie eine Konkurrenz für die großen AGCO-Traktoren waren. Dies bedeutete allerdings nicht, dass Traktoren über 200 PS völlig tabu für Massey-Ferguson waren, denn der 9240er aus dem Jahr 1995 hatte 215 PS, Allradantrieb und einen Cummins-Dieselmotor.

Die 3000er-Serie wurde im französischen Beauvais produziert und kam 1986 auf den Markt. Sie war weniger PS-stark als die Hightech-2000er-Serie.

Massey-Fergusons 107 PS starker 3090er war das Top-Modell der 3000er-Serie. Er hatte ein Autotronic-System, mit dem die Differenzialsperre, der Allradantrieb und die Zapfwelle teilweise automatisch gesteuert werden konnten.

MASSEY - FERGUSON
3090
datatronic

RECHTS UND UNTEN
Nach der Übernahme durch AGCO wurden die größeren Massey-Fergusons durch die 6100er- und 8100er-Serien repräsentiert.

Sie deckten einen Bereich ab 86 PS aufwärts ab. Dies ist ein umgerüsteter 6270er mit Allradantrieb.

Einige der letzten Massey-Fergusons kurz vor der Fertigstellung im Banner-Lane-Werk in Coventry.

8240

LINKE SEITE UND OBEN

Der 8260er (oben) und der 8240er (linke Seite) kamen in den späten 90er-Jahren auf den Markt. Es waren neuere Versionen des 8100ers, der den mit Spitzentechnologie ausgestatteten 3600er ersetzt hatte. Sie hatten ein Autotronic- sowie ein Datatronic-II-System, mit dem 20 verschiedene Funktionen elektronisch überwacht werden konnten. Datatronic II hatte vier Memory-Speicher, so dass vier verschiedene Fahrer einen Traktor fahren konnten. Zudem hatten die Traktoren eine nasse Kupplung, eine neue Vorderachse und einen verstärkten Chassisrahmen.

MASSEY-HARRIS

Kanadas bekanntester und erfolgreichster Traktorenhersteller, Massey-Harris, entstand 1891 aufgrund des Zusammenschlusses der einstigen Konkurrenzunternehmen von Daniel Massey und Alanson Harris, die Mähmaschinen und Binder für den riesigen kanadischen Markt herstellten.

Obwohl man eine breite Palette von landwirtschaftlichen Geräten produzieren wollte, dauerte es 20 Jahre, bis man die ersten benzinbetriebenen Maschinen baute.

Erst 1915 bot Massey-Harris den ersten Traktor an, und dieser wurde von der Bull Tractor Company in Minneapolis eingekauft. Der so genannte Big Bull war ein ungewöhnliches Gefährt. Er hatte drei Räder und war mit seinen 2 041 kg sehr leicht. Trotzdem erreichte er beeindruckende 24 PS am Treibriemen. Leider floppte er, und auch die anderen Bull-Traktoren konnten sich auf dem Markt nicht halten.

1918 machte Massey-Harris einen neuen Versuch mit dem Parrett-Traktor, der von Dent Parrett in Illinois entwickelt worden war. Er war viel konventioneller gestaltet als der Big Bull. Auch er war nicht schwer, aber er hatte vier Räder und einen 4-Zylinder-Motor mit einem 2-Gang-Getriebe. Die so

LINKE SEITE UND UNTEN
Ein teilrestaurierter Bull Pull 45-90 mit einem riesigen 4-Zylinder-Motor. Massey-Harris verkaufte diesen Traktor ab 1915, aber er war nicht erfolgreich.

Der Massey-Harris Nr. 2, ein 12/22er-Traktor mit integriertem Hinterradgetriebe.

Der Massey-Harris Nr. 3 war größer, hatte 15/28 PS und einen 6,5-Liter-4-Zylinder-Budamotor. Beide Traktoren waren bald veraltet und zu teuer, und Massey-Harris baute sie ab 1923 nicht mehr.

MASSEY HARRIS
22
HARRIS

vermarktete Massey-Harris den Wallis in Kanada und übernahm den Walliskonzern 1928 sogar ganz.

Nun konnte das Unternehmen nichts mehr stoppen, und man brachte 1930 den ersten selbst entwickelten Traktor heraus. Rückblickend erwies es sich als eine allzu ehrgeizige Entscheidung. Es war die Ära der Allzwecktraktoren, die klein und wendig waren und gleichzeitig genug Kraft hatten, um Arbeiten mit der Zugstange auszuführen. International hatte dieses Konzept als Erster mit dem Farmall, einem Traktor mit großer Bodenfreiheit und Zweiradantrieb, ausprobiert, und alle anderen Konkurrenten hatten es übernommen. Massey-Harris' General Purpose hätte nicht unterschiedlicher sein können. Er hatte einen Allradantrieb, einen 3,7-Liter-Herculesmotor, einen hohen Radstand und eine Reihe von Spurweiten, aber er war ganz und gar nicht wendig, da seine Vorderachse einen sehr großen Wendekreis hatte. Und obwohl man beim Kauf zwischen Spurweiten von 122 bis 193 cm für verschiedene Getreidesorten wählen konnte, waren diese danach

LINKE SEITE

Einer von Massey-Harris' kleineren Nachkriegstraktoren war der 22er von 1948.

UNTEN

Was jeder glückliche Farmer und sein Hund brauchen: einen Massey-Harris 44, Prospekttitel.

Der Massey-Harris 33 ersetzte im Jahr 1952 den 30er und schloss als schwerer Traktor, der einen 3-scharigen Pflug ziehen konnte, die Lücke in diesem Bereich. Er war auch als Diesel erhältlich.

Eine weitere Ansicht des Massey-Harris 44, der auch als 6-Zylinder-44-6er mit einem 3,7-Liter-Continental erhältlich war.

44
MASSEY HARRIS

nicht mehr verstellbar. Für bestimmte Arbeiten wie die Waldarbeit war der GP mit seinem Allradantrieb gut geeignet, aber er war keine Konkurrenz für den Farmall.

Doch Massey-Harris musste sich keine Sorgen machen, da die Traktoren der ursprünglichen Wallis-Reihe ein großer Erfolg waren. Zunächst wurden zwei Größen angeboten, der 12er/20er und der 20er/30er. Letzterer wurde 1932 überarbeitet und kam als Model 25 auf den Markt. Vier Jahre später unternahm Massey-Harris einen zweiten Versuch, einen Reihenfruchttraktor anzubieten, und der so genannte Challenger bewährte sich: Er hatte einen 4,0-Liter-Motor, ein U-förmiges Chassis, einen engen Radstand an der Vorderachse sowie eine verstellbare Spurweite an der Hinterachse. Mit 24/32 PS und einem Gewicht von 1678 kg erbrachte er eine ordentliche Leistung. 1937 kam eine weiterentwickelte Version als Twin Power Challenger mit einer Zwei-Gang-Zapfwelle (1200 oder 1400 U/min) heraus. Zudem bot man einen Traktor mit Standardspurweite, den Pacemaker, an, und weitere Modelle entwickelten sich nun schnell.

1938 stellte man den ganz neuen 101er vor. Er hatte ein gusseisernes Chassis, einen geschmeidigen 3,3-Liter-6-Zylinder-Chryslermotor und erreichte bis zu 36 PS am Treibriemen sowie 24 an der Zugstange. Darüber hinaus war er mit einem 4-Gang-Getriebe ausgestattet, war optisch modern und

Mein kleines Pony. Massey-Harris brachte den 8/10-PS-Pony 1947 auf den Markt, um mit anderen kleinen Traktoren konkurrieren zu können. Er war nicht sehr erfolgreich.

konnte als Standard- oder Reihenfruchtausführung erworben werden. Im darauf folgenden Jahr kam der kleinere 101 Junior mit einem 2,0-Liter-4-Zylinder-Continentalmotor und 16/24 PS dazu und ein Jahr später ersetzten die Modelle 201, 202 und 203 mit 57 bis 64 PS das große Modell 25. Der 101er wurde weiterentwickelt und als 101 Super angeboten, der kleine 81er kam als leichtere und billigere Variante des 101 Junior heraus.

Nach Kriegsende folgten moderne Versionen der Vorkriegstraktoren. Das neue Modell 20 basierte auf dem 81er, und das Modell 30 mit 20/30 PS, einem 2,7-Liter-Continentalmotor und einem 5-Gang-Getriebe ersetzte den 101 Junior. Auch der 101er wurde nun abgelöst. Für ihn kam der erfolgreiche 44er mit einem 5-Gang-Getriebe, wahlweise einem 4- oder 6-Zylinder-Motor, als Reihenfrucht- oder Standardtraktor. Zudem gab es den größeren 55er, der an das Modell 25 anknüpfte und auf den amerikanischen Weizengürtel abzielte. 1947 gesellte sich der Pony dazu, ein kleiner Babytraktor mit nur acht PS an der Zugstange, zehn PS am Treibriemen und einem Gewicht von 689 kg. Mittlerweile hatte Massey-Harris gute geschäftliche Verbindungen nach Europa, und so wurde der Pony in Frankreich mit SIMCA- oder Hanomag-Dieselmotoren ausgestattet.

Trotz der häufigen Nachrüstung der Modelle wirkten die Massey-Harris-Traktoren zunehmend veraltet. Ihnen fehlte die hydraulische Dreipunktkupplung, mit der Harry Ferguson und Henry Ford den Traktorenbau in den spaten 30er-Jahren revolutioniert hatten. Zudem hatten sie keine Zapfwellen oder Hydrauliksysteme.

Hatte Massey-Harris in den späten 40er-Jahren ein Angebot zur Zusammenarbeit mit Ferguson noch abgelehnt, bekam man 1952 glücklicherweise eine zweite Chance,

Massey-Harris machte mit dem Mustang einen neuen Versuch, aber keiner dieser kleinen Traktoren hatte eine hydraulische Dreipunktkupplung, die in den frühen 50er-Jahren essenziell war, wenn man mit der Konkurrenz mithalten wollte.

UNTEN UND RECHTE SEITE
Ein Teil der Vereinbarung bei der Wiederbelebung von McCormick war, dass die neue Marke zwei Jahre lang Case-Fabrikate herstellen würde. Unten der C70, rechts der MC100.

McCORMICK

Heutzutage sind ganz neue Traktormarken selten, aber für McCormick trifft genau das zu. Obwohl es ein alter Name aus der Pionierzeit ist (es war eines der vier Unternehmen, die sich zu International Harvester zusammenschlossen), wurde die Firma 2001 neu gegründet.

McCormick entstand, als Case-IH im Jahr 2000 mit New Holland fusionierte, um CNH Global zu gründen.

Im Rahmen der Fusionierung wurde das Doncaster-Werk von Case-IH an Landini aus Italien verkauft. Hier sollten noch zwei Jahre lang der Case CX, MC-X und die Maxxum-Traktoren gebaut werden. Man

vereinbarte, dass diese in Europa als McCormicks, in anderen Ländern als Case-Traktoren verkauft werden sollten. Langfristig würde McCormick dann eigene Traktoren herstellen.

Der erste McCormick, ein CX90 mit Perkinsmotor, rollte im Januar 2001 in Doncaster vom Band, über 50 Jahre, nachdem das Werk von International gebaut worden war. Im Jahr 2002 brachte McCormick eine eigene Version des Maxxum, den MTX, heraus. Er hatte einen 6-Zylinder-Perkinsmotor sowie multifunktionelle Bedienelemente. Es gab fünf MTX-Modelle von 110 bis zu 175 PS. Alle hatten ein Getriebe mit 16 Vorwärts- und 12 Rückwärtsgängen.

Die Minneapolis Threshing Machine Co. war vielleicht ein etablierter Traktorenhersteller, aber Minneapolis Steel & Machinery war der dominante Partner.

MINNEAPOLIS-MOLINE

Drei Unternehmen schlossen sich 1929 zusammen und bildeten Minneapolis-Moline: Minneapolis Steel and Machinery, die Minneapolis Threshing Machine Company und die Moline Plow Company. Minneapolis-Moline war bekannt für seine hellgelben Prairie-Gold-Traktoren sowie für seine technischen Neuerungen, wie zum Beispiel die Zylinder mit vier Ventilen, das 5-Gang-Getriebe und die erste gut ausgestattete Kabine, ganz zu schweigen vom weltweit ersten Hochgeschwindigkeits-Traktor.

Minneapolis Steel hatte schon früh Traktoren in Lizenz für Case und Bull gebaut. Seine eigenen Traktoren brachte das Unternehmen unter dem Namen Twin City heraus, da es Niederlassungen in Minneapolis und St. Paul hatte. Die ersten Twin-City-Traktoren waren riesige Maschinen, die ähnlich groß waren wie die Dampftraktoren, mit denen sie konkurrierten.

1917 kam der Twin City 16/30 heraus. Waren die Traktoren bis dahin sehr hoch und träge gewesen, hatte der Neue nur noch eine Höhe von 1,2 Metern, und sein 9,6-Liter-4-Zylinder-Motor war komplett mit Blech ummantelt. Für seine Zeit sehr inno-

vativ, war der 16/30er ein Pionier für moderne Traktoren. Man konnte ihn sogar mit einem elektrischen Anlasser und Scheinwerfern bestellen. Allerdings war er nicht erfolgreich, so dass lediglich zirka 700 Stück hergestellt wurden.

Aber das war nicht schlimm, denn zwei Jahre später brachte Minneapolis Steel einen Traktor auf den Markt, der seiner Zeit voraus war und sich bis in die frühen 30er-Jahre hielt. Das Getriebe des kleinen 12/20er bildete zusammen mit dem Motor den größten Teil des Rahmens. Dieser war dadurch stabil und relativ leicht. Der Motor hatte eine Druckschmierung sowie, höchst ungewöhnlich für einen Traktor, vier Ventile pro Zylinder. Der 17/28er, eine aufgestockte Version des 12/20ers, hatte knapp 23 PS an der Zugstange und 31 am Treibriemen – das war für einen 5,6-Liter-Motor nicht schlecht. Obwohl der 12/20er doppelt so teuer war wie der Fordson, beeindruckte er die Landwirte, so dass im ersten Jahr 3 000 Stück verkauft wurden. Und sein Nachfolger war 14 Jahre später angeblich ebenso erfolgreich. Neben dem 12/20er wurde der größere 20/35er gebaut, der später aufgerüstet und als 27/44er angeboten wurde. 1926 kam schließlich der 21/32er auf den Markt, der die Lücke zwischen diesen beiden füllte. Er war der letzte von Minneapolis Steel entwickelte Traktor vor der großen Fusion. Minneapolis Threshing hatte ebenfalls einen 27/44er, aber Steels Modell war offensichtlich besser, da man die Produktion des Threshing-Traktors bald aufgab.

Der erste neue Minneapolis-Moline-Traktor war bereits vor der Fusion in der Entwicklung; der KT war ein moderner Reihen-

Es gab kaum etwas Größeres als den 60-90 Minneapolis Twin City mit sechs Zylindern und einem 36,5-Liter-Motor. Die breiten Hinterräder sollten diesen 12 700 kg schweren Giganten davor bewahren, im Schlamm einzusinken.

TWIN
21-3

fruchttraktor, der den größeren Farmalls und dem John Deere GP Konkurrenz machen sollte. Seine Räder befanden sich rechts und links von einer Reihe. Auf diese Weise konnten gleichzeitig drei Reihen bearbeitet werden. Bald darauf folgte der MT, der vorne einen engen Radstand hatte, so dass sich zwei Reihen zwischen den Rädern befanden und jeweils vier Reihen bearbeitet werden konnten. 1932 wurde der 21/32er aufgerüstet und als FT verkauft.

Aber es fehlte noch ein kleiner Traktor, der es mit dem Farmall F20 oder dem John Deere A aufnehmen konnte. Daher kam 1934 der ganz neue JT mit einem 3,2-Liter-4-Zylinder-Motor, 14 PS an der Zugstange,

LINKE SEITE
Der 21/32er war der letzte Traktor, der die Aufschrift Twin City tragen sollte, bevor 1929 der Name Minneapolis-Moline geboren wurde.

UNTEN
Der Minneapolis-Moline ZTX aus dem Zweiten Weltkrieg wurde als Schlepper genutzt.

Dieser große 4-Zylinder-Traktor kam 1938 zunächst als GT auf den Markt. Vier Jahre später wurde er umgerüstet und in GTA umbenannt. Bis in die 50er-Jahre war er der Top-Traktor von Minneapolis-Moline.

LINKS
Das Minneapolis-Moline-Modell U wurde als konventioneller Reihenfruchttraktor oder als Traktor mit Standardspurweite angeboten, abgesehen vom UDLX-Comforttractor natürlich.

UNTEN
Der R war Minneapolis-Molines kleinster Traktor der späten 30er-Jahre, eine Miniaturausführung des Z mit einem 2,7-Liter-Motor und einem 4- (statt 5-) Gang-Getriebe.

22 am Treibriemen und einem 5-Gang-Getriebe, das auf der Straße 29 km/h ermöglichte. Dieser Traktor wurde zum Markenzeichen von Minneapolis-Moline, als die meisten Konkurrenten mit drei bis vier Gängen liefen. Mittlerweile waren KT und MT aufgerüstet worden, hatten nun 19/30 PS und wurden als KTA und MTZ verkauft. Der FT bekam einen 6,6-Liter-Motor und hieß fortan FTA.

Nur zwei Jahre später wurde der JT durch den schnittigen Z ersetzt (25/30 PS, 3,0 l), der mit dem typischen hellen Prairie-Gold von Minneapolis-Moline lackiert war.

Der Minneapolis-Moline V war zunächst als Traktor von Avery herausgekommen. Aber das kleinste Nachkriegsmodell von Minneapolis-Moline war nicht erfolgreich.

Wie beim JT gab es eine Reihenfruchtvariante (den ZTU) und eine Standardausführung (den ZTS).

1938 kam die erheblich größere U-Serie auf den Markt. Der 2 268 kg schwere Traktor mit 38 PS konnte einen 4-scharigen Pflug ziehen. Der UTU war der größte Reihenfruchttraktor, der zu dieser Zeit erhältlich war. Alle Modelle der U-Serie hatten einen 4,6-Liter-Motor, der mit Benzin, Kerosin oder Destillat lief.

An die U-Serie erinnert man sich heute allerdings in erster Linie aufgrund des UDLX, dem wahrscheinlich ersten Traktor mit einer Stahlkabine. Er war mit einer Heizung, einem Radio, Instrumentenanzeige, Scheibenwischern und sogar einem Beifahrersitz ausgestattet. Da er zudem auf der Straße 64 km/h erreichte, warb Minneapolis-Moline damit, dass man nach getaner Arbeit auf dem Feld mit diesem Traktor bequem in die Stadt fahren konnte. Die Sonderausstattung war natürlich nicht billig, und so kostete der UDLX astronomische 2.150 US-$. Wahrscheinlich wurden deshalb nur 150 Stück verkauft.

Von größerer Bedeutung für die amerikanischen Farmer war die leistungsstärkere GT-Serie, die im selben Jahr vorgestellt wurde. Der GT hatte einen 6,6-Liter-Motor und 36/49 PS. 1942 kam er mit 39/56 PS als GTA auf den Markt. Er war sehr robust und bis in die 50er-Jahre der erfolgreichste Traktor von Minneapolis-Moline. 1951 kam der mit Autogas betriebene GTC hinzu und ab 1953 der GTB-D mit 56 PS.

In der Reihe der kleineren Traktoren bot man 1939 die Serie R mit einem 2,7-Liter-

Motor und 18/24 PS an. Sie war eine kleinere Version des Z, hatte allerdings nur ein 4 Gang-Getriebe, um den Preis niedrig zu halten. Wahlweise konnte man den Traktor mit einer Stahlkabine bekommen – der UDLX hatte also offensichtlich doch seine Spuren hinterlassen. Der R konnte einen 2-scharigen Pflug ziehen und war in verschiedenen Varianten erhältlich – als Standard- und Industriemodell ebenso wie in Reihenfruchtausführung. Während des Zweiten Weltkriegs wurde eine spezielle Militärversion des Z, der ZTX, hergestellt, der bei Straßenarbeiten eingesetzt wurde. Er hatte eine Stahlkabine, ein schweres Schutzgitter sowie eine Anhängerkupplung an der Vorderseite.

Ende der 30er-Jahre brachte man eine ganze Reihe moderner Traktoren heraus, die jedes Marktsegment abdeckten – mit Ausnahme der kleinen Klasse, die für 1-scharige Pflüge gedacht war. Doch in der Dekade nach dem Zweiten Weltkrieg verlor man rasch den Anschluss, da man wenig unternahm, um die vorhandenen Traktoren weiterzuentwickeln. Das lag zum Teil am Uni-Tractor, einem einfachen Chassis, an das Erntemaschinen angehängt werden konnten. Die Idee war an sich gut, da man auf diese Weise die Kosten senken wollte, allerdings musste der Käufer eine Menge an speziellem Zubehör für diese Maschine kaufen, was letztlich zu schlechten Verkaufszahlen führte.

1950 konnte Minneapolis-Moline schließlich zwei kleine Traktoren anbieten, da B. F. Avery aus Louisville in Kentucky zum Verkauf stand und das Modell V, das für einen 1-scharigen Pflug geeignet war, sowie den leichten BF, der einen 2-scharigen Pflug ziehen konnte, im Programm hatte. Das Modell R von Minneapolis-Moline wurde

Der Uni-Tractor war ein mutiger Versuch, ein motorisiertes Chassis zu produzieren, das konventionelle Traktoren für andere Arbeiten freistellte; aber das benötigte Zubehör wirkte sich negativ auf die Verkaufszahlen aus.

Mit dem 335er trat Minneapolis-Moline 1955 auf dem Markt mit einem Allzwecktraktor auf. Ein Ampli-Torc-Getriebe bot zehn Gänge, vordere und hintere Spurweite waren verstellbar.

aufgerüstet, um für die beiden anderen kleinen Traktoren Platz zu machen, und so konnte man endlich Traktoren in allen Größen anbieten. Der kleine 1-Liter-V war bereits bei Gemüse- und Tabakfarmern beliebt, während der BF mit 19/27 PS eine leichtere und billigere Alternative zum R war. Aber keiner von ihnen konnte sich lange halten. Die Produktion des V wurde nach zwei Jahren eingestellt, kurz darauf kam das Ende des BF und des R.

1955 stellte das Unternehmen zwei gänzlich neue Traktoren vor. Der 335er orientierte sich am Allzwecktraktor, wie er z. B. von Ford oder Ferguson angeboten wurde. Er kombinierte eine geringe Höhe mit verstellbaren Spurweiten für die Reihenfruchtarbeit auf dem Feld. Er hatte ein Ampli-Torc-Getriebe mit zwei Bereichen und einem 2-Gang-Planetengetriebe, das die üblichen fünf Gänge in zehn verwandelte. Dadurch konnte man während der Fahrt zwischen den beiden Bereichen hin- und herschalten, ohne die Kupplung zu betätigen.

Dieses Getriebesystem etablierte sich in den 50er-Jahren schnell zum Standard, und endlich konnte Minneapolis-Moline wieder mit den Konkurrenten mithalten.

Neben dem 334er mit 24/30 PS präsentierte Minneapolis-Moline den 445er mit 31/38 PS, der grundsätzlich die gleiche Ausstattung hatte, aber als reiner Reihenfrucht- oder Allzwecktraktor erhältlich war.

1957 ersetzte der Minneapolis-Moline-4-Star-Super den 445er. Er hatte eine neue Farbe, aber das gleiche Ampli-Torc-Getriebe.

Als Teil von White schwand Minneapolis-Molines Unabhängigkeit mehr und mehr. Aber man baute in den späten 60er-Jahren immer noch eigene große Traktoren. Der G900 wurde durch einen 7-Liter-Benzin- oder Dieselmotor des Unternehmens angetrieben.

Er konnte sowohl mit Autogas als auch mit Diesel betrieben werden.

Die U-Serie war mittlerweile fast 20 Jahre alt und wurde durch den 5-Star abgelöst, der allerdings mit dem gleichen 4,6-Liter-Motor (benzin- oder gasbetrieben) ausgerüstet war. Er war auch als 5,5-Liter-Diesel erhältlich. 1959 entwickelte man die große GT-Serie weiter, die als GVI auf den Markt kam. Sie hatte mehr PS und ein moderner gestaltetes Chassis. Sie wurde auch von Massey-Ferguson gekauft und dort als MF 95 angeboten.

Der kleine 335er wurde zu Jet-Star umbenannt, aus dem 445er wurde der 4-Star und der 5-Star wurde nun als M5 bezeichnet. Später ersetzte man den Jet-Star sowie den 4-Star durch den Jet-Star 3. Allerdings wurde keines der Modelle grundlegend modernisiert. Offensichtlich konzentrierte man sich stärker auf die größeren Traktoren.

Besonderen Wert legte das Unternehmen auf den Allradantrieb, und 1962 konnte es den M504 vorstellen, den ersten Traktor unter 100 PS mit Allradantrieb. Es handelte sich um einen weiterentwickelten M5 mit einem mechanischen Vorderachsantrieb. Im nächsten Jahr kam der G704 (ein GVI mit Allradantrieb) dazu. Den veralteten GVI ersetzte man durch den G705 und den G706 mit Allradantrieb. Sie hatten immer noch den gleichen gas- oder dieselbetriebenen 8,2-Liter-6-Zylinder-Motor mit 101 bzw. 102 PS. 1963 wurden aus dem M5/M504 der M602 und der M604.

Ein Jahr später modernisierte man den Jet-Star 3 und bot ihn als U302 an. Dieser

Traktor, der einen 3-scharigen Pflug ziehen konnte, war nun der kleinste erhältliche Minneapolis-Moline; das Unternehmen hatte ein großes Segment des Traktormarktes für immer aufgegeben, was sicherlich mit der Übernahme durch White Motors ein Jahr zuvor zu tun hatte. White hatte bereits Oliver und Cockshutt übernommen und verkaufte in den 60er-Jahren viele Reihen unter einem anderen Firmennamen. So bekamen beispielsweise manche Oliver-Traktoren nun die Aufschrift Minneapolis-Moline.

Da Cockshutt im Bereich der kleinen Traktoren stark war, spezialisierte sich Minneapolis-Moline auf die größeren Reihen. Lediglich der M5, der 1964 aufgepeppt als M670 herauskam, war eine Ausnahme. Aus dem G705/706 wurde 1965 die G1000-Reihenfruchtversion mit dem gleichen 8,2-Liter-6-Zylinder-Motor und dem üblichen Ampli-Torc-Getriebe. 1967 kam der etwas kleinere G900 mit einer 7-Liter-Version des gleichen Motors dazu. Ungewöhnlich war, dass diese Traktoren zudem nach wie vor mit Benzinmotoren erhältlich waren. Ab 1967 wurde der G1000 Vista mit einer höheren Fahrerposition verkauft.

Aber dies waren die letzten „reinen" Minneapolis-Moline-Traktoren, da White weiterhin rationalisierte. So war der erste MM Supertraktor, der A4T aus dem Jahr 1969,

Der G1050 war in den frühen 70er-Jahren Minneapolis-Molines größter Traktor. Er hatte eine 8,2-Liter-Version des ehrwürdigen 6-Zylinder-Motors. Später wurde der Motor für den G1355 auf 9,6 Liter erweitert.

mit einem Minneapolis-Moline-Dieselmotor und -Getriebe ausgestattet, wurde aber in Whites Werk gebaut. Er kam später als aufgerüsteter A4T mit Allradantrieb auf den Markt. Er wurde nicht nur als MM, sondern mit anderem Anstrich auch als Oliver 2455 und (in Kanada) als White Plainsman verkauft. Mittlerweile verkauften Minneapolis-Moline-Händler auch FIAT-Traktoren mit der Aufschrift MM G350 und G450.

Der robuste und langlebige MM-6-Zylinder-Motor wurde 1972 auf zehn Liter und 135 PS aufgerüstet, und beim neuen G1350 kam zudem ein Planetenendantrieb dazu. Den G1355 (mit 143 PS) stattete man nun mit einem moderneren 18-Gang-Getriebe von Oliver aus. Daneben bot man den kleineren G955 mit einer 7,4-Liter-Version des bewährten 6-Zylinder-Motors und einem 6- oder 12-Gang-Oliver-Getriebe an.

Aber der Motor war bald das einzige Element, das noch von Minneapolis-Moline hergestellt wurde, und 1974 verabschiedete sich White ganz davon, Traktoren unter diesem Namen zu verkaufen. Allerdings lebten die typischen MM-Farben Gelb und Weiß 1989 bei den amerikanischen 60er- und 80er-Traktoren wieder auf, die ebenfalls in Oliver-Grün, Cockshutt-Rot und White-Silber verkauft wurden.

Aber auch das war nur von kurzer Dauer, und nach einem langsamen Niedergang war Minneapolis-Moline schließlich für immer gestorben.

Der M670 aus dem Jahr 1964 war die letzte Weiterentwicklung des M5. Er hatte einen 5,5-Liter-4-Zylinder-Motor.

NEW HOLLAND

New Holland ist heute Teil eines der weltweit größten Traktorkonzerne: CNH Global. Aber bis 1986 war der Name nie auf einem Traktor aufgetaucht. Die Geschichte begann bereits 1895, als das Unternehmen in New Holland in Pennsylvania gegründet wurde, um eine Getreidemühle zu bauen. Im Laufe der Zeit stellte es weitere landwirtschaftliche Geräte her. 1940 produzierte New Holland nach einem Besitzerwechsel eine der ersten erfolgreichen Heuballenpressen; sieben Jahre später wurde das Unternehmen von der Sperry Corporation gekauft, die New Holland unter anderem als Hersteller motorbetriebener Geräte etablieren wollte und sich 1964 bei dem deutschen Mähdrescher-Hersteller Claas einkaufte. Wahrscheinlich würde man den Namen New Holland auch heute noch lediglich mit landwirtschaftlichen Geräten in Verbindung bringen, wenn es 1986 durch die Übernahme von Ford nicht zu einem entscheidenden Wandel gekommen wäre. Ursprünglich wollte Ford seine Traktoren mit den Geräten von New Holland ergänzen. Als Teil dieser Strategie wurde der Supertraktor-Hersteller Versatile 1987 mit ins Boot geholt.

Aber die Rezession der 80er-Jahre veranlasste Ford 1990 dazu, 80 Prozent seiner landwirtschaftlichen Produktion an FIAT zu verkaufen. Man einigte sich darauf, dass der Name Ford auf den Traktoren allmählich durch New Holland ersetzt werden sollte. 1994 verkaufte Ford auch noch die restlichen 20 Prozent an FIAT, und die Firmengruppe wurde in New Holland umbenannt.

Aufgrund der Fusionierung kam es zu zahlreichen Umbenennungen bei den Traktoren. Einer der Traktoren mit gemischter

New Holland, Ford oder Versatile? Der Name Versatile wurde einige Jahre für Fords Supertraktoren verwendet, aber in den 1990ern ersetzte die Marke New Holland allmählich beide Namen.

RECHTE SEITE

Nach der Fusion mit FIAT, dann mit Case, um CNH International zu gründen, stammten New-Holland-Traktoren aus verschiedenen Quellen.

UNTEN

Der in beide Richtungen fahrbare Wendetraktor TV140 hatte seine Wurzeln im 9030er, der von Versatile entwickelt worden war. Aber in den 90er-Jahren etablierte sich der Name New Holland zunehmend.

Herkunft war der Wendetraktor Ford Versatile 9030, der in beide Richtungen steuerbar war. Von Versatile entwickelt und von Ford mit einem neuen Motor ausgestattet, wurde er später als New-Holland-Traktor verkauft. New Hollands Massenverkäufe in den 90er-Jahren fanden im Bereich der mittelgroßen Traktoren wie z. B. der 40er-Serie statt, die im englischen Basildon gebaut wurde. Der 7740er war mit seinem 4-Zylinder-Turbodiesel und 95 PS ein typisches Beispiel. 1996 rollte der 75 000ste Traktor der 40er-Serie aus dem Werk in Basildon. Ein Top-Traktor war auch die 70er-Serie aus dem Versatile-Bereich. Sie wurde als Ford-New-Holland sowie als FIAT-G-Serie angeboten. Es gab die Modelle 8670, 8770, 8870 und 8970 mit 145, 160, 180 bzw. 210 PS. Alle hatten einen 7,5-Liter-6-Zylinder-Turbodiesel sowie ein 16-Gang-Lastschaltgetriebe.

Zwei Jahre später stellte man die 35er-Serie mit 65 bis 95 PS und die 60er-Serie mit 100 bis 160 PS vor, die beide in Italien gebaut wurden. Die kleinere Reihe kam als New Holland 35 sowie als FIAT-L-Serie auf den Markt. Sie war mit einem 4-Zylinder-Diesel (65 bis 95 PS) von Iveco ausgestattet. Dabei handelte es sich um eine weitere Ford-/FIAT-Kooperation. Auch ihr größerer Bruder aus Basildon wurde als blauer New Holland 60 oder als rote FIAT-M-Serie angeboten. Aber in beiden Fällen dominierte die Marke New Holland. Alle 60er-Modelle hatten einen 7,6-Liter-6-Zylinder-Diesel. Die erfolgreiche 40er-Serie wurde 1998 durch den TS mit 80-, 90- oder 100-PS-Dieselmotoren ersetzt. Im darauf folgenden Jahr stellte man die 6-Zylinder-TS115-Serie vor, die mit New Hollands eigenem 7,7-Liter-Powerstar-Dieselmotor ausgestattet war. Anders als die anderen TS-Traktoren hatten alle

8560 NEW HOLLAND

Traktoren der Mittelklasse wie dieser 8340er wurden in der Basildon-Fabrik in England produziert.

Modelle einen Allradantrieb und wahlweise ein 24-Gang-Getriebe.

Im gleichen Jahr fusionierte New Holland Geotech, wie die FIAT-/New-Holland-Kooperation mittlerweile hieß, mit Case-International Harvester, um den neuen riesigen Konzern CNH Global zu gründen. Er war so groß, dass die Regulierungsbehörde das Unternehmen anwies, einige Werke zu schließen oder zu verkaufen, damit der Markt nicht zu stark dominiert wurde. Aber der Name New Holland überlebte.

Der New Holland 5635, ein kleiner vielseitiger Reihenfruchttraktor, war eine umbenannte Version der FIAT-L-Serie.

NUFFIELD

William Morris konnte mit Fug und Recht behaupten, der britische Henry Ford zu sein. Vor dem Zweiten Weltkrieg wurde die britische Traktorenindustrie vom Fordson dominiert, der in Dagenham gebaut wurde, aber in den späten 40er-Jahren ermutigte die Regierung andere Fabrikanten, ebenfalls Traktoren herzustellen; zum einen benötigte das Land dringend neue Maschinen und zum

OBEN

Nicht alle Nuffield-Dieseltraktoren hatten einen Perkinsmotor. Dieser war mit einem BMC ausgestattet.

LINKS

Nach dem Zweiten Weltkrieg reagierte William Morris mit dem Nuffield DM4 Universal auf den Aufruf der britischen Regierung nach einem im eigenen Land hergestellten Traktor.

RECHTE SEITE
Mitte der 50er-Jahre waren 95 % der Nuffields mit Dieselmotoren ausgestattet. Der 38 PS starke Nuffield war ab 1950 auf dem Markt.

UNTEN
Bautz verkaufte ebenfalls den orangefarbenen Nuffield.

anderen war Großbritannien nach sechs Kriegsjahren bankrott und musste rasch Einnahmen durch Exporte erzielen.

Nuffield reagierte prompt, und der neue Traktor war bereits 1946 fertig. Allerdings konnte er aufgrund des Stahlmangels erst zwei Jahre später produziert werden.

Es handelte sich um eine kostengünstige, einfache, aber moderne Maschine mit optionaler Dreipunktkupplung, Zapfwelle und Morris' eigenem 4-Zylinder-Motor, der mit billigem Dieselöl lief. Bald kamen weitere Motorvarianten dazu wie z. B. ab 1950 der Perkins-Diesel mit 38 PS. Der Nuffield war einfach, ausdauernd und funktionierte tadellos. Auch im Ausland verkaufte er sich gut, so dass 80 Prozent der frühen Modelle exportiert wurden: Der Traum der britischen Regierung hatte sich somit erfüllt. Der Nuffield überlebte mehrere Firmenübernahmen und Fusionen, bis er 1960 schließlich als blauer Leyland auf den Markt kam. 1980 wurden die Leyland-Traktoren von Marshall gekauft.

NUFFIELD

NUFFIELD

LINKS

Nuffield-Traktoren waren so erfolgreich, dass daraus die blauen Leyland-Traktoren der 60er- und 70er-Jahre entstanden.

UNTEN

Dieser italienische Nuffield mit Allradantrieb versprach Kraft, Bodenhaftung und Sparsamkeit.

Es war die Zeit der schweren Traktoren: Der Rumely OilPull (links) und der Nichols & Shepard (rechts) waren typische Hart-Parr-Konkurrenten.

OLIVER

Als die Oliver Plow Works 1930 mit der Traktorenproduktion begannen, hatten sie bereits 80 Jahre lang Ackergeräte hergestellt. 1929 hatte Oliver mit drei verschiedenen Unternehmen fusioniert, und die neuen Partner ergänzten sich wunderbar: American Seeding stellte Sä- und Pflanzmaschinen her, Nichols & Shepard spezialisierte sich auf Drescher und Erntemaschinen. Hart-Parr hatte viel Erfahrung im Traktorbau, aber veraltete Maschinen und keinen einzigen Reihenfruchttraktor. Oliver hatte eine solche Maschine entwickelt, brauchte aber eine Produktionsstätte dafür. Nach dem dominantesten der vier Partner benannt, hieß das neue Unternehmen Oliver Corporation.

Der erste Traktor war der Oliver-Hart-Parr-Reihenfruchttraktor mit 18/27 PS, einem einzelnen Vorderrad und verstellbarer Spurweite bei den Hinterrädern. Bald

kam eine Standardausführung mit 18/28 PS dazu. Gleichzeitig wurde das größere Modell A vorgestellt, das kurz darauf seinen PS entsprechend in 28/44er umbenannt wurde. Es hatte einen 7,2-Liter-Motor.

Obwohl die anderen Traktoren nicht schlecht liefen, war Oliver erst mit dem 70er aus dem Jahr 1935 richtig erfolgreich. Bis dahin waren die Traktoren von holprigen, untertourig laufenden 2- bis-4-Zylinder-Motoren angetrieben worden. Der 70er dagegen hatte einen 6-Zylinder-Waukeshamotor mit 3,5 Litern. Er lief rund, relativ hochtourig und hatte eine hohe Verdichtung, so dass er für seine Größe erstaunlich viele PS hatte (über 30 am Treibriemen).

Nach der Fusion wurden die ersten Traktoren von Oliver entwickelt, aber von Hart-Parr hergestellt, daher beide Namen auf diesem Traktor.

GANZ OBEN
Der 6-Zylinder-70er tat viel für Olivers guten Ruf. Dies ist der umgerüstete Fleetline 77.

OBEN
Der Super 55, Olivers erster Allzwecktraktor, hatte wahlweise einen Dieselmotor und eine Dreipunktkupplung.

RECHTS
Durch die Fleetline-Gestaltung wurde 1947 aus dem 60er ein 66er. Als man ihn sieben Jahre später mit zusätzlichen PS ausstattete, nannte man ihn Super 66.

OLIVER
SUPER 66
OLIVER
66

zu 84 PS. Eine interessante Variante war der 995 Lugmatic, ein 990er mit einem Drehmomentwandler, der den Traktor durch schlammige Abschnitte ziehen konnte (er hatte zusätzliche fünf PS, um Übersetzungsverluste auszugleichen).

Aber die Geschäfte liefen bei Oliver nicht gut, worauf auch die geringfügigen Veränderungen der 50er-Jahre schließen ließen. 1960 wurde das Unternehmen von White Motors übernommen, und hier wurde aus Oliver, einem der bekanntesten und innova-

tivsten Traktorenhersteller der USA, nicht viel mehr als eine Marketinggesellschaft für landwirtschaftliche Maschinen gemacht. Innerhalb weniger Jahre kamen auch noch Minneapolis-Moline und Cockshutt unter Whites Dach, und gegen Ende des Jahrzehnts wurden zahlreiche Traktoren des Unternehmens unter diesen verschiedenen Firmennamen angeboten.

Für White war es billiger, Traktoren zu importieren, als sie selbst zu bauen, und so waren die ersten Importe das Modell 500 (ein 32-PS-Allzwecktraktor) und der 600er (ein 40-PS-Allzwecktraktor), gebaut von David Brown in England. Allerdings kamen 1960 auch zwei große, selbst entwickelte Traktoren auf den Markt: Der Reihenfruchttraktor 1800 ersetzte den 800er. Er hatte 70 oder 74 PS und einen Diesel- oder Benzin-/Gas-6-Zylinder-Motor. Der 1900er hatte einen 4-Zylinder-2-Takt-Diesel mit 92 PS. Beide wurden 1963 als Serie B mit zusätzlichen PS angeboten. Dazu gesellte sich noch der 58 PS starke 1600er ebenfalls mit einem Lastschaltgetriebe mit zwei oder

OBEN
Die Gestaltung war ganz neu, aber sonst hatte man den 880er (88er), abgesehen von einem 2-Gang-Lastschaltgetriebe, kaum verändert.

LINKE SEITE
Volle Kraft! Der Zweitakter Super 99 war 1952 einer der leistungsstärksten Traktoren auf dem Markt.

Durch Olivers Übernahme von Cletrac wurden Raupenfahrzeuge ins Programm aufgenommen. Als aufgerüsteter OC3 wurde der HG bis 1957 produziert.

wahlweise drei Bereichen. Er konnte einen 4-scharigen Pflug ziehen.

Aber trotz der guten Getriebetechnik sahen die Oliver-Traktoren ab Mitte der 60er-Jahre zunehmend veraltet aus. 1964 bekamen der 1650er, der 1850er und der 1950er zusätzliche PS; Letzterer erreichte bis zu 106 PS bei 2400 U/min. Aber Oliver benötigte einen größeren Traktor, um im Bereich über 100 PS mit der Konkurrenz mithalten zu können. So brachte man 1967 eine Turboversion des 1850er-4,9-Liter-6-Zylinder-Diesels heraus. Im darauf folgenden Jahr trieb Whites großer 6er mit 7,8 Litern den neuen 2050er (119 PS) sowie den 2150er (131 PS Turbo) an. Diese Traktoren waren serienmäßig mit einem 18-Gang-Getriebe und wahlweise, wie bei den kleineren Olivers, mit einem zusätzlichen Vorderradantrieb ausgestattet.

Diese Entwicklung war positiv, allerdings wurde Olivers Identität zunehmend geschwächt. Die importierten David Browns ersetzte man ab 1965 durch FIATs, die ab

1969 als White-Olivers auf den Markt kamen. 1970 rüstete man die 55er-Serie (vom 1555er bis zum 1955er) mit zusätzlichen PS auf. Zudem wurden viele der größeren Traktoren ab 1971 einfach umlackiert und umbenannt: Der Oliver 1865 war eigentlich ein Minneapolis-Moline G950, der 141 PS starke 2155er war ein MM G1350, und der 2455er setzte sich aus Oliver- und MM-Teilen zusammen.

Aber nicht alle großen Olivers der 70er-Jahre waren getarnte Minneapolis-Molines. So war der 2255er einer der letzten hochfrisierten Traktoren mit Zweiradantrieb und einem 7,7-Liter-Caterpillar-V8-Dieselmotor mit 145 PS. 1974 rollte der letzte Oliver-Traktor aus dem Werk in Charles City in Iowa. White wollte seinen eigenen Namen als Traktormarke etablieren, und dies bedeutete das Aus für Cockshutt, Minneapolis-Moline und Oliver.

Der 52 PS starke 600er und der 32 PS starke 500er wurden umlackiert und unter dem Namen David Brown verkauft.

OBEN

Der 1955er war sehr ähnlich zum 1855, der gleiche 6-Zylinder-Diesel wurde aufgerüstet und erhielt 108 PS. Wahlweise gab es den Traktor mit zuschaltbarem Vorderradantrieb, so dass all die Kraft auf den Boden übertragen werden konnte.

RECHTS

In den frühen 70er-Jahren wurden einige Oliver-Traktoren als Minneapolis-Molines verkauft, aber dieser 1855er war ein echter Oliver mit einem 92-PS-Benzin- oder einem 97-PS-Dieselmotor.

ER HYDRAUL SHIFT
1855

PLATYPUS

Die Platypus-Raupenfahrzeuge wurden zirka zwischen 1950 und 1957 im englischen Basildon hergestellt, wo heute noch New-Holland-Traktoren produziert werden. Platypus gehörte zu einem Unternehmen namens Rotary Hoes Ltd. und bot eine Reihe von Raupenfahrzeugen an, die in erster Linie von Perkins-Dieselmotoren angetrieben wurden. Die kleinsten Modelle, den 28er und 30er, konnte man auch mit Benzinmotor bekommen.

Platypus war offensichtlich darauf aus, seinen Absatz zu maximieren, und präsentierte den 34 PS starken 3,1-Liter-30er daher mit einem Pflug und einer Bodenfräse sowie weiteren Zusatzgeräten. Darüber hinaus wurden die Raupen mit verschiedenen Spurweiten angeboten: Es gab die Schmalspurausführung mit einer Spurweite von 787 mm und einer Kettenbreite von 178 oder 203 mm, die Breitspurvariante (1 168 mm, 229/305 mm), die Extra-Breitspurausführung (1 372 mm, 229/305 mm) und schließlich das Super-Extra-Breitspurmodell (1 372 mm, 610 mm). Letzteres war speziell für einen besonders weichen Untergrund geeignet, da das Gewicht sich stark auf die Ketten verteilte und somit nur wenig Druck pro Quadratzentimeter auf den Boden ausgeübt wurde. Alle diese Varianten hatten ein 6-Gang-Getriebe (3 Gänge, 2 Bereiche) und eine Geschwindigkeit von 1,3 bis 8,2 km/h.

Platypus wollte die Landwirte mit seinen Raupenfahrzeugen mittlerer Größe erreichen.

Als wäre der 30er nicht schon groß genug gewesen, baute man ab 1954 den PD4 mit einem 51-PS-Perkins-L4-Diesel oder einem 6-Zylinder-R6. Interessanterweise betonte man, dass der PD4 erheblich weniger koste als vergleichbare Traktoren. Offensichtlich war der landwirtschaftliche Bereich also durchaus wichtig für Platypus.

1955 kam der 50er mit dem gleichen Perkins-L4-Motor heraus. Die Produktion der beiden großen Raupenfahrzeuge wurde 1956 eingestellt.

PORSCHE

Ferdinand Porsche war ein produktiver Designer und entwarf mehrere Traktoren selbst. Während des Ersten Weltkriegs entwickelte er große Geschützlafetten für Austro-Daimler sowie einen Prototypen eines kleinen landwirtschaftlichen Traktors.

Aber die Idee, einen Porsche-Traktor herzustellen, entstand Ende der 30er-Jahre. Warum sollte man neben dem Volkswagen nicht auch einen Volkstraktor produzieren?

Der exotische Name blieb in Erinnerung, aber Porsche-Traktoren wurden nur ein paar Jahre lang vom Hersteller starker Sportautos produziert.

Und so wurden die ersten Traktoren noch vor dem Zweiten Weltkrieg gebaut. Allerdings produzierte man nicht viele davon, bevor der Krieg ausbrach.

Es war ein ungewöhnlicher Traktor mit einem luftgekühlten 1-Zylinder-Motor im hinteren Teil und einer Ladefläche vorne. Aber das war noch nicht das Ende der Traktoren bei Porsche. Das Unternehmen, das – unter der Leitung von Dr. Ferdinand Porsches Sohn Ferry – Porsche-Sportwagen herstellen sollte, arbeitete bereits 1945 wieder an einem neuen Volksschlepper. Er war mit seinem luftgekühlten 2-Zylinder-Dieselmotor, der im vorderen Bereich untergebracht war, konventioneller als der Erste.

Der Junior mit einem Zylinder war der kleinste erhältliche Porsche. Dieser war mit einem Balkenmäher ausgerüstet.

Aber nach ein paar Jahren wurden die Produktionsrechte vom Maschinenfabrikanten Allgaier gekauft; wahrscheinlich wollte Porsche sich auf das blühende Sportwagengeschäft konzentrieren.

Allgaier baute bereits seit 1946 einfache 1-Zylinder-Maschinen und hatte nun großen Erfolg mit dem Porsche-Traktor. Bis 1957 baute er zirka 25 000 Stück, dann verkaufte das Unternehmen die Lizenz an die Mannesmann-Gruppe.

Mittlerweile gab es 1-, 2-, 3- und 4-Zylinder-Traktoren mit 14 bis 50 PS. Trotz dieses großen Spektrums hatten der Junior, Standard, Super und der Master zu 90 Prozent die gleichen Teile. Typisch war der Porsche Junior V mit einem luftgekühlten 14-PS-1-Zylinder-Motor und einem 6-Gang-Getriebe. Das Ende kam 1964, als Renault das Traktorgeschäft von Mannesmann übernahm.

RANSOME

Das englische Unternehmen Ransome stellte Dampftraktoren her und bot bereits im Jahr 1902 einen benzinbetriebenen Traktor an. Allerdings lief dieser mit einem umgerüsteten Automotor.

1936 kam der MG2, ein Miniatur-Raupenfahrzeug für Gärtner, auf den Markt, der zusammen mit Ford und dem englischen Hersteller Roadless Traction entwickelt worden war. Der MG2 hatte einen kleinen luftgekühlten 1-Zylinder-Benzinmotor. Die beiden Gummiketten wurden über zwei Schalthebel gesteuert. Der kleine MG konnte einen 1-scharigen Pflug ziehen, der Motor wurde vom Getriebehersteller Sturmey-Archer geliefert.

Der MG war sehr erfolgreich, so dass man nach dem Zweiten Weltkrieg allmäh-

Das Ransome-Raupenfahrzeug entstand mithilfe von Ford und Roadless Traction. Zirka 15 000 wurden produziert.

lich leistungsstärkere MGs entwickelte. Der MG6 von 1959 hatte einen 1-Zylinder-Diesel mit acht PS, und der MG40, der letzte seiner Art, lief ebenfalls mit einem Dieselmotor. Zirka 15 000 MGs waren insgesamt hergestellt worden, als man die Produktion 1966 einstellte. In jüngerer Zeit konzentrierte sich das Unternehmen auf Geräte für die Rasenpflege.

1997 wurde Ransome von Jacobsen, dem amerikanischen Hersteller von Mähmaschinen, übernommen, und der Name ist nach wie vor auf einer ganzen Reihe von Mähern, Straßenkehrmaschinen und Kompakttraktoren zu finden. Die Traktoren haben einen Allradantrieb, 18 bis 45 PS und einen 3- oder 4-Zylinder-Dieselmotor.

RENAULT

Als Frankreichs führender Traktorenhersteller 1918 seinen ersten Traktor baute, hatte er bereits seit 20 Jahren Autos hergestellt. Vor dem Ersten Weltkrieg produzierte Renault verschiedene Traktoren mit Allradantrieb sowie Raupenfahrzeuge. Während des Kriegs entwickelte man einen leichten Panzer für die französische Armee, und der erste Traktor von 1918, der GP, baute darauf auf.

Es handelte sich um ein Raupenfahrzeug mit einem 4-Zylinder-Benzinmotor, 30 PS und einem 3-Gang-Getriebe. Im Gegensatz zu anderen europäischen Herstellern verwendete Renault keine 1-Zylinder-Halbdie-

Auch wenn die charakteristische abfallende Nase verschwunden ist, handelt es sich eindeutig um einen 106-54er Renault.

Der Renault Herdsman, ein leichter Traktor mit Allradantrieb für den kleinen landwirtschaftlichen Betrieb. Ursprünglich hatte er einen luftgekühlten Deutz-Dieselmotor.

RECHTS
Prä-Ares-Traktoren wie dieser 155-54er waren die Flaggschiffe von Renault.

UNTEN
Das breite Spektrum von Renault-Traktoren bietet weit mehr als eine rein landwirtschaftliche Nutzung, wie beispielsweise dieser Frontlader 80-14 zeigt.

RENAULT
TRACTONIC
Renault
155.54
Turbo

RECHTS
Der Ceres war in den späten 90er-Jahren Renaults Flaggschiff.

UNTEN
Der Markt für Traktoren, die sich für den Weinbau eignen, ist in Frankreich sehr wichtig, daher gibt es bei Renault diesen Schmalspurtraktor Dionis 140.

Der Renault Ares 636RZ.

RECHTS, UNTEN UND RECHTE SEITE

Die massige Ares-500-Serie mit fast gleich großen Reifen und vielen ausgefeilten technischen Innovationen. Aber die Dreipunktkupplung basiert immer noch auf dem Prinzip, das Harry Ferguson vor 70 Jahren entwickelte.

MX 100
MAILLEUX

sel, baute später aber konventionelle Volldiesel-Motoren.

Um 1920 stellte man eine bereifte Version des GP, den HO, vor. Wie der GP hatte auch er einen in der Mitte des Fahrzeugs angeordneten Kühler, was zu Renaults Markenzeichen, der abfallenden Motorhaube, führte. Dies verbesserte zum einen das Blickfeld des Fahrers, und zum anderen war der Kühler weniger anfällig, da er sicher zwischen der Haube und dem Tank untergebracht war. Sowohl der HO als auch seine Raupenversion, der H1, wurden 1927 durch den PE-Traktor ersetzt.

1933 brachte Renault den ersten französischen Dieseltraktor auf den Markt. Der VY war relativ groß und hatte einen 4,3-Liter-4-Zylinder-Motor.

Ab 1945 versuchte das mittlerweile verstaatlichte Unternehmen die vom Krieg

Der Ares 600 schaffte schwere Ladung mühelos.

stark geschädigte Landwirtschaft anzukurbeln und machte die Traktorenproduktion zur Priorität. So wurden von 1947 bis 1948 7 500 Maschinen gebaut.

Der 3040er war eines der wichtigsten Modelle von Renault, modern ausgestattet mit einer 2-Gang-Zapfwelle, einem hydraulischen Kraftheber und verstellbarer Spurweite.

Ein weiterer Schritt nach vorne war die D-Serie von 1956. Sie hatte einen luft- oder wassergekühlten Dieselmotor, ein Synchrongetriebe und eine Differenzialsperre.

Die TZ-Hydrostable-Kabine war 1987 ein großer Fortschritt. Sie hatte eine eigene Aufhängung, so dass die Arbeit für den Fahrer leichter und bequemer wurde.

In den 90er-Jahren baute Renault eine ganze Reihe kleinerer Traktoren wie diesen Pales 240. Sie hatten weniger PS als der große Ceres.

Der Fructus 140 war für die Arbeit in der Obstplantage entwickelt worden. Er hatte eine geringe Höhe und war sehr wendig.

KUHN
KUHN
RENAULT
340
Cergos

Beim Super D von 1965 kam noch eine Dreipunktkupplung dazu.

In den späten 60er-Jahren stattete man die Traktoren mit Allradantrieb und Drehmomentwandlern aus, und 1974 stellte Renault eine ganz neue Traktorgeneration vor, die ein Spektrum von 30 bis 115 PS abdeckte.

In den darauf folgenden Jahren erwies sich Renault als einer der innovativsten europäischen Traktorenhersteller, vor allem im Bereich der Kabinengestaltung. Die neue TX-Kabine von 1981 hatte einen Beifahrersitz und eine bessere Freisicht, aber bahnbrechend war schließlich die TZ-Hydrostable-Kabine von 1987. Nach zehnjähriger Entwicklung war die Kabine bei diesem System vibrationsgedämmt, so dass ein nie zuvor da gewesener Fahrkomfort erzielt wurde. Ende der 90er-Jahre waren

LINKE SEITE UND OBEN

Dieser mittelgroße Renault Cergos 340 war weniger feudal und technisiert als der Ceres, aber er machte seine Sache trotzdem gut.

OBEN UND RECHTS

Im Jahr 2001 baute Renault seinen bisher stärksten Traktor, den Atles. Dies ist der Atles 935 RZ.

RENAULT

ROCK ISLAND / HEIDER

Die Rock Island Plow Co. baute zunächst Heider-Traktoren und stellte dann bis 1937 ihre eigenen her.

Die Rock Island Plow Company war ein etabliertes Unternehmen, das ab 1912 landwirtschaftliche Geräte wie Pflüge, Sä- und Drillmaschinen, Eggen und Grubber herstellte. 1914 begann es, Heider-Traktoren zu verkaufen. Die Nachfrage war so groß, dass die kleine Heiderfabrik gar nicht schnell genug produzieren konnte. Also kaufte Rock Island das Unternehmen im Jahr 1916 und verlegte die Traktorenproduktion in sein eigenes Werk. Bis in die späten 20er-Jahre verwendete man den bekannten Namen Heider. Zunächst rüstete man den Heider 10/20 um und bot ihn als 12/20er an. Er hatte einen 4-Zylinder-Waukeshamotor mit sieben Litern und wog drei Tonnen. Daneben stellte man das kleinere 9/16er-Modell D vor, das nur 1 814 kg wog. Wie beim größeren 15/27er-Heider, der von 1924 bis 1927 produziert wurde, konnte man hier die Gänge unendlich variieren.

1920 brachte man einen kleineren Motorgrubber in einer einreihigen und einer zweireihigen Ausführung auf den Markt, die man mit anderen Geräten koppeln konnte.

Der letzte Traktor von Rock Island (vom Namen Heider hatte man sich mittlerweile verabschiedet) war der 18/35er von 1927, ein konventioneller 4-Zylinder-Traktor mit einem 6,2-Liter-Budamotor. Dem 15/25er ähnlich war der G2, der zudem ab 1929 angeboten wurde. Er hatte einen 5,3-Liter-Budamotor. Die Herstellung von Rock-Island-Traktoren wurde 1937 ganz eingestellt, als J. I. Case die Firma übernahm.

RUSHTON

Der ehrgeizige George Rushton hatte sich zum Ziel gesetzt, mit seinem Unternehmen einen britischen Fordson herzustellen. Da er selbst weder Kapital noch eine Produktionsstätte hatte, schloss er sich 1926 mit der London General Omnibus Company zusammen, die seinen Traktor produzierte.

Aus dem ersten Prototypen, dem Tri Tractor, wurde nichts. Daraufhin kaufte Rushton einen amerikanischen Fordson, den er Stück für Stück nachbaute. 1928 wurde der neue General Tractor vorgestellt, der

Großbritanniens Antwort auf den Fordson? Das hoffte zumindest George Rushton, der diesen Traktor von 1928 bis 1932 baute.

etwas schwerer und leistungsstärker, aber auch teurer war als der Fordson. Trotzdem wollte Rushton 10 000 Stück davon verkaufen. Ein ehrgeiziges Ziel, da die Fordson-Produktion bereits auf 3 000 bis 4 000 Stück pro Jahr zurückgegangen war.

Als London General seine Produktionsstätte verlegte, kaufte Rushton das Londoner Werk sowie 500 Bausätze für den Traktor und produzierte ihn selbst.

Er bot eine bereifte Version sowie eine Raupenvariante an, die schon bald seinen Namen trugen.

Leider war alles nach ein paar Jahren schon wieder vorbei. Warum sollte man einen Rushton kaufen, wenn ein Fordson billiger war? Und warum sollte man während der Depression überhaupt einen Traktor kaufen? 1932 musste Rushton Konkurs anmelden.

Was von der Firma übrig blieb, wurde von Tractors (London) Ltd. gekauft, die den kleinen Gartenbautraktor Trusty weiterbauten und sogar Rushtons in kleinen Stückzahlen produzierten.

Francesco Cassanis Pioniergeist führte zum erfolgreichen SAME-Traktor.

SAME

Francesco Cassani ist nicht so bekannt wie Harry Ferguson oder Henry Ford, aber auch er war ein Pionier auf dem Gebiet der Traktorentechnologie. Gemeinsam mit seinem jüngeren Bruder Eugenio begann er mit Dieselmotoren zu experimentieren. Sie wurden zwar bereits in großen Gefährten wie Schiffen und Lokomotiven eingesetzt, aber die Verwendung in kleineren Maschinen steckte noch in den Kinderschuhen. Als Cassani seinen ersten 12,7-Liter-2-Zylinder-Traktor mit 40 PS in den frühen 20er-Jahren präsentierte, war es der erste dieselbetriebene Traktor außerhalb Deutschlands.

Nachdem eine Firma, die seinen Traktor produziert hatte, Bankrott ging, entwickelte er unbeirrt einen kleinen 10-PS-Traktor mit drei Rädern und einem Benzinmotor. Später gründete er SAME (Società Anonima Motori Endotermici), um selbst Traktoren herstellen zu können. Da der Krieg dazwischenkam, wurden von 1942 bis 1948 allerdings nur 33 Maschinen gebaut.

Der Durchbruch gelang Cassani 1950, als er eine Reihe von 2-Zylinder-Traktoren mit 20 PS auf den Markt brachte. Im darauf folgenden Jahr bot er fast alle Traktoren mit Allradantrieb an. Damit bewies er großen Weitblick, denn der Allradantrieb war bei Traktoren noch nicht sehr verbreitet. Zudem entwickelte SAME bereits 1951 ein Baukastensystem, so dass zahlreiche Einzelteile für alle luftgekühlten 1- bis 4-Zylinder-Dieseltraktoren verwendet werden konnten, was die Kosten reduzierte.

Das innovative Unternehmen stellte in den 60er-Jahren den SAMECAR vor, einen Traktor, der wie der deutsche Unimog Lasten sowohl auf einer Ladefläche transportieren als auch ziehen konnte. Ein weiterer Traktor der 60er-Jahre war der 480er Ariete („Ram") mit Allradantrieb, 8-Gang-Getriebe und 80 PS. 1972 hatten die SAME-Traktoren sogar FIAT um Längen hinter sich gelassen und waren in Italien am erfolgreichsten.

SAME war auf Expansionskurs und übernahm im gleichen Jahr die Lamborghini-Traktoren, fünf Jahre später den schweizer Hürlimannkonzern und 1995 sogar Deutz-Fahr, so dass ein riesiges europäisches Unternehmen entstand. Mittlerweile bot SAME eine große Palette von Traktoren an, die (bis auf die Minitraktoren) mithilfe eines Baukastensystems mit verschiedenen Varianten des 1000-Serien-Dieselmotors ausgestattet waren – vom 60-PS-Dorado-60 bis zum 6-Zylinder-Titan-160 mit fast 120 PS. Die 1000er-Serie hatte eine Luftkühlung und einen ölgekühlten Zylinderblock; zu dieser Zeit war Deutz-Fahr der einzige andere Hersteller, der für seine Traktoren luftgekühlte Dieselmotoren verwendete. Im mittleren Bereich bot man den Explorer II mit oder ohne Turbo an, der bis zu 90 PS hatte, und in der nächsthöheren Kategorie kam die 80 bis 100 PS starke Silver-Serie. Dann folgte der Antres mit einem 1000-Serien-Dieselmotor in 6-Zylinder-Turbo-Ausstattung. Er hatte 127 PS und ein ausgefeiltes Getriebe mit insgesamt 72 Gängen. SAMEs Flaggschiff der 90er-Jahre war die Titan-Serie mit 145, 159 oder 189 PS und „lediglich" 27 Gängen. 1996 stellte SAME ein automatisches Lastschaltgetriebe für Traktoren vor und zeigte damit einmal mehr, dass Francesco Cassanis innovative Ideen fortgesetzt wurden.

Spätere SAMEs waren hochmoderne Traktoren mit Allradantrieb. Das Unternehmen hat mittlerweile Lamborghini und Hürlimann übernommen.

SAMSON

Ford und General Motors waren erbitterte Rivalen in der Autobranche. Als Henry Ford daher 1917 seinen billigen, aus der Massenproduktion stammenden Fordson-Traktor vorstellte, wollte General Motors nicht hinter ihm zurückstehen. Allerdings konnte man im Gegensatz zu Ford keine jahrelange Entwicklungsphase verbuchen und benötigte daher ganz schnell einen fertigen Traktor.

Also kaufte man Samson in Stockton, Kalifornien, dessen dreirädriger Sieve Grip seit 1914 auf dem Markt war. Er hatte einen Zylinder und 6/12 PS oder vier Zylinder und 10/25 PS. General Motors stattete ihn mit seinem eigenen 7-Liter-4-Zylinder-Motor aus, so dass der Sieve Grip 12/25 PS bekam. Allerdings war aufgrund des vergleichsweise hohen Preises nicht daran zu

UNTEN UND RECHTE SEITE

Der Samson M war General Motors Antwort auf den Fordson. Allerdings war er nicht erfolgreich, und General Motors hat sich seither von Traktoren fern gehalten.

denken, den Fordson zu übertrumpfen. Aber General Motors hatte bereits eine bessere Idee. 1918 bewarb man das Modell M, einen modernen 4-Zylinder-Traktor, mit dem Slogan „Ein Traktor, ein Preis". Dies war der einzige Traktor, der dem Fordson Konkurrenz machen konnte, da er sehr günstig war und verschiedenes Zubehör, das bei Ford extra bezahlt werden musste, hier im Preis inklusive war. Mit dem Samson M machte General Motors tatsächlich etwas Gewinn, und ein größeres Modell A sollte folgen. Aber anstatt sich auf das Modell A zu konzentrieren, kaufte man die Rechte für den Jim-Dandy-Grubber und produzierte ihn als „Iron Horse", da sich solche Geräte zur damaligen Zeit sehr gut verkauften. Aber der Boom hielt nicht an, das Iron Horse war nicht sehr zuverlässig.

General Motors verlor bei diesem Geschäft sowie mit den Samson-Traktoren insgesamt viel Geld und zog sich 1922 ganz aus diesem Bereich zurück, so dass Henry Ford das Feld wieder für sich hatte.

SAUNDERSON

H. P. Saunderson war ein englischer Traktorpionier, der 1890 begann, Massey-Harris-Traktoren zu importieren und ab zirka 1903 in Bedfordshire seine eigenen produzierte. Die frühen Saundersons waren ebenso Lkws wie Traktoren. Bemerkenswert war der praktische Universal mit 30 PS und einem 1-Zylinder-Motor, der sich direkt hinter dem Fahrer befand. Er hatte eine Ladekapazität von zwei Tonnen auf der Ladefläche und konnte zudem zwei Tonnen auf einem Anhänger ziehen.

Bei einer Vorführung vor Journalisten demonstrierte Saunderson 1906, wie praktisch sein Traktor war. Er ließ den Universal an einem Nachmittag ein Weizenfeld abern-

RECHTS
Der vielseitige Saunderson wurde auch bei der Waldarbeit eingesetzt.

UNTEN
Saundersons G-Modelle warten auf ihre Auslieferung per Zug. Eine Weile war dies Großbritanniens erfolgreichster Traktor.

ten, die Ernte zu einer Dreschmaschine fahren, die der Traktor dann mit seinem Treibriemen antrieb, das gedroschene Getreide von einer durch den Universal angetriebenen Mühle mahlen, daraufhin das Feld pflügen, grubbern und das neue Saatgut darauf aussäen. Saunderson hatte damit gezeigt, wie nützlich ein moderner Traktor sein konnte. Die späteren Modelle waren allerdings konventioneller und hatten keine Ladefläche. Das Model G mit 25 PS war der bestverkaufte Traktor in Großbritannien. Aber Saundersons Unternehmen war zu klein, um es mit den Großen wie etwa dem Fordson aufnehmen zu können, und wurde später vom Motorenhersteller Crossley gekauft. Die Traktorenproduktion wurde in den späten 20er-Jahren eingestellt.

Ein früher, vollkommen restaurierter Saunderson-2-Zylinder-Traktor.

SAWYER-MASSEY

Die kanadische Firma L. D. Sawyer & Co. baute in den 1860er-Jahren Dreschmaschinen und mobile Dampfmaschinen sowie ab 1887 von Pferden gezogene Maschinen. Fünf Jahre später kaufte die Familie Massey 40 Prozent des Unternehmens und Sawyer-Massey war geboren. Der Betrieb entwickelte sich zu einem der größten Dampf- und Dreschmaschinenhersteller in Kanada und so beschloss man 1910, die Dampfmaschinenproduktion zu verdoppeln. Dies war eine seltsame Entscheidung, da benzinbetriebene Motoren im Kommen waren. Die Massey-Familie sah das offensichtlich genauso und zog sich aus dem Geschäft zurück. Der Name Sawyer-Massey aber blieb bestehen. Im gleichen Jahr brachte man einen neuen benzinbetriebenen Traktor auf den Markt, der einen 6-scharigen Pflug ziehen konnte. Der Motor wurde wie bei einem Dampftraktor mit Luft gekühlt. Die meisten benzinbetriebenen Sawyer-Massey-Traktoren waren schwere Maschinen, die einen guten Teil ihrer technischen Ausstattung von den Dampftraktoren hatten.

1911 entwickelte das Unternehmen einen 4-Zylinder-Traktor mit 22/45 PS. 1918 bot man bereits eine ganze Reihe an: den 11/22er, 12/25er, 18/36er, 20/40er und den 27/50er (eine umgerüstete Variante des 22/45ers).

Zudem gab es einen kleineren waukeshabetriebenen 10/20er und einen größeren 30/60er, der dem Advance-Rumely OilPull Konkurrenz machen sollte.

Sawyer-Massey zog sich in den frühen 20er-Jahren aus dem Traktorgeschäft zurück und verlegte sich stattdessen auf Maschinen für den Straßenbau.

Sawyer-Massey, ein etablierter Hersteller von Dampfmaschinen, baute bis in die frühen 20er-Jahre auch Traktoren.

SCHLÜTER

Der erste Traktor, den das 1899 gegründete Familienunternehmen Schlüter 1937 baute, hatte einen 1-Zylinder-Dieselmotor. Während des Zweiten Weltkriegs baute Schlüter dann den 25/28er, der 15 Tonnen ziehen konnte. Er wurde mit Holz- oder Kohlegas betrieben, das gewonnen wurde, indem man Wasser auf heißes Holz oder Kohlen schüttete.

Die Firma konzentrierte sich in den ersten 20 Jahren ihrer Traktorenproduktion vorwiegend auf einfache 1- und 2-Zylinder-Diesel und verkaufte in dieser Zeit zirka 30 000 Stück.

Auch viele Schlüters aus den 50er-Jahren waren den Vorkriegsmodellen sehr ähnlich. So ähnelte z. B. der AS15D (15 PS, 1,6-Liter-Motor) von 1953 stark dem DZM25 (25 PS, 2 Zylinder) aus dem Jahr 1939.

Schlüter gehörte zu den ersten europäischen Herstellern, die in den 60er-Jahren Traktoren mit großer PS-Zahl auf den Markt brachten. Im Laufe der Zeit wurden die Maschinen immer größer. Man bot 4-Zylinder-Diesel, dann 6- und sogar 7-Zylinder-Traktoren an. Schließlich brachte Schlüter einen 8-Zylinder-9,5-Liter-Traktor heraus, der mithilfe eines Turbos 180 PS erreichte – das war eine große Leistung für die damalige Zeit. Der Super-Trac von 1978 war mit seinem 500-PS-MAN-V12-Motor

Das deutsche Unternehmen Schlüter stellte in den 70er- und 80er-Jahren leistungsstarke Supertraktoren her.

großen Traktoren nicht. So hatte der 551er einen großen Zylinder mit einem Durchmesser von 23 cm. Mit einem Hub von 264 mm und 10,9 Litern war er der größte der Nachkriegstraktoren von SFV.

Aber wie die Traktoren der Konkurrenten Lanz, Landini oder Marshall sahen auch die SFVs zunehmend veraltet aus, wenn man sie mit der neuen Generation der leichteren Multi-Zylinder-Traktoren verglich. In den späten 50er-Jahren wurde das Unternehmen von Case übernommen, und die SFVs wurden mit Peugeot-Benzin– oder Normag-Dieselmotoren ausgestattet. Allerdings konnte SFV auch dadurch nicht gerettet werden und stellte in den frühen 60er-Jahren die Produktion ein.

SILVER KING

Die Silver-King-Traktoren wurden von der Fate-Root-Heath-Company in Plymouth, Ohio, hergestellt. Es handelte sich durchweg um kleine attraktive Reihenfrucht– oder Standardtraktoren. Der erste Traktor hieß allerdings noch nicht Silver King, sondern Plymouth. Er hatte 10/20 PS und wurde durch einen 4-Zylinder-Herculesmotor mit 1,8 Litern angetrieben. Mit 984 kg war er ein Leichtgewicht, aber er erreichte auf der Straße die relativ hohe Geschwindigkeit von 40 km/h. Wie der Hersteller Minneapolis-Moline verwendete Fate-Root-Heath eine große Übersetzung für höhere Geschwindigkei-

Der spätere, kleinere Vierzon 204 mit moderner Karosserie.

ten, allerdings mit einem 4-Gang- statt eines 5-Gang-Getriebes. Dieses Merkmal wurde ein Markenzeichen der Traktoren von Fate-Root-Heath.

1935 wurde der Plymouth in Silver King umbenannt, und aus dem ursprünglichen Modell wurde der R38. Er bekam 1937 einen etwas größeren Herculesmotor mit einem Zylinderdurchmesser von 83 mm und einem Hubraum von 2,2 Litern. Mittlerweile war auch eine Reihenfruchtversion auf dem Markt. Sie hatte 16,4 PS an der Zugstange und 19,7 PS am Treibriemen.

Ab 1940 bot Fate-Root-Heath mit dem 600er, 660er und dem 720er größere Traktoren an. Die Zahlen bezogen sich auf die Spurweiten von 60, 66 bzw. 72 Zoll (152, 168, 183 cm). Zudem gab es eine Ausführung mit einer Standardspurweite. Der Continental-Motor hatte 2,6 Liter und

Der Silver King wurde von Fate-Root-Heath aus Plymouth in Ohio gebaut.

31,2 PS bei 1 800 U/min, und man konnte eine Maximalgeschwindigkeit von 48 km/h erreichen, was diesen Traktor wahrscheinlich zum schnellsten seiner Zeit machte.

Aber 1956 hatte sich Fate-Root-Heath bereits aus dem Traktorgeschäft zurückgezogen und die Rechte für den Silver King an die Mountain State Fabricating Company aus Clarksburg in West Virginia verkauft. Ihr gelang es allerdings nicht fortzubestehen, daher war der Silver King zwei Jahre später endgültig vom Markt verschwunden.

SOMECA

La Société de Mécanique de la Seine war der traktorproduzierende Unternehmenszweig des französischen Autoherstellers SIMCA (Société Industrielle de Mécanique et de Carrosserie Automobile). SIMCA war 1934 gegründet worden, um FIAT-Autos in Lizenz zu produzieren. Um rasch auf dem boomenden europäischen Traktormarkt auftreten zu können, kaufte SIMCA 1952 den französischen Traktorenhersteller MAP (Manufacture d'Armes de Paris). Der MAP-Traktor hatte einen ungewöhnlichen 2-Zylinder-Kompressor-Dieselmotor. Bis 1955 baute MAP 15 000 Traktoren mit diesem und anderen Motoren.

Der erste SOMECA-Traktor nach der Übernahme war der DA50 mit 37 PS und 1 500 U/min. Er hatte einen 4-Zylinder-OM-Diesel (OM gehörte zum FIAT-Konzern). Bald folgten der kleinere 50er und der größere 55er und später die 615/715er. Im eigenen Land waren die SOMECA-Traktoren erfolgreich, so dass im Jahr 1960 40 000 Stück gebaut wurden. Mitte der 60er-Jahre hatte sich die Palette weiter vergrößert und umfasste nun ein Spektrum von 1,1-Liter– bis zu 4,1-Liter-Motoren.

SIMCA wurde später von Chrysler übernommen, aber SOMECA wurde Teil des New-Holland-Konzerns, bei dem FIAT immer noch die meisten Anteile hat.

Viele Jahre lang waren die Steiger-Traktoren hellgrün. Dies ist ein Puma 1000.

STEIGER

Moderne Supertraktoren haben mehrere Merkmale gemeinsam: einen Allradantrieb mit gleich großen Rädern, ein zweigliedriges Chassis für eine bessere Lenkbarkeit und einen riesigen Turbo-Dieselmotor mit sechs oder mehr Zylindern.

Dieses Konzept wurde von den Brüdern Maurice und Douglas Steiger entwickelt. Es war so erfolgreich, dass die meisten modernen Supertraktoren immer noch auf diese Weise gestaltet sind. Die Steiger-Brüder waren Landwirte mit 1600 Hektar Land in Minnesota. Ende der 50er-Jahre stellten sie fest, dass es keinen Traktor gab, der für ihre Bedürfnisse groß oder leistungsstark genug war. Also krempelten sie die Ärmel hoch und bauten selbst einen Traktor aus verschiedenen Teilen (einige stammten von Euclid-Maschinen) sowie einem 238-PS-Detroit-Dieselmotor. Er war zirka dreimal so stark wie die größten Traktoren von John Deere, Case oder Ford und wog 6804 kg. Darüber hinaus war er sehr zuverlässig. Auf Steigers Farm leistete er 10000 Arbeitsstunden. Die Nachbarn waren so beeindruckt vom Steiger Nr. 1, dass sie ebenfalls einen haben wollten. Die ersten Steiger, die für Kunden produziert wurden, waren etwas kleiner als der Prototyp, aber sie ließen sich aufgrund der Pinnenlenkung schwer fahren.

Der Steiger Nr. 2 bekam einen etwas kleineren Detroit-Diesel mit 100 PS. 1963 kam der 1200er mit 118 PS und einem 3,7-Liter-Detroit-Diesel heraus. Er hatte außerdem ein normales Lenkrad, das die Pinne ersetzte.

In den 60er-Jahren boomte das Geschäft. Bald wurden jährlich 100 Steiger-Supertraktoren produziert. Größere Traktoren – der 1700er, 2200er und 3300er – folgten, nun mit Kabinen, Zwillingsbereifung an jeder Ecke und Beleuchtung.

Der Panther 1360 hat eine für alle Steiger-Traktoren typische Gestaltung: Er hat einen Allradantrieb mit gleich großen Reifen, eine Knicklenkung und einen großen, im vorderen Bereich des Fahrzeugs untergebrachten Dieselmotor.

1969 investierten mehrere Geschäftsleute in die Firma, und die Produktion wurde von der Farm in eine leer stehende Panzerfabrik in Fargo, Norddakota, verlegt. Doch fünf Jahre später wurde auch sie zu klein, und man zog in ein knapp 40 000 m^2 großes Werk um. Damit war Steiger die größte Traktorfabrik der Welt; 1975 wurden in einer Schicht 20 Supertraktoren fertig gestellt. Das Exportgeschäft kam nun ebenfalls ins Rollen und Niederlassungen wurden in Australien, Mittel- und Südamerika gegründet.

Konnten sich in den 60er-Jahren nur wenige Farmer den riesigen Steiger mit Allradantrieb leisten, boomte das Geschäft in den 70er-Jahren.

Ein typischer Steiger war der Bearcat-Dieseltraktor. Er hatte 159 PS an der Zugstange und wurde von einem Caterpillar-V8

Wenn er auch die Aufschrift Case-IH trägt, ist der 9250er durch und durch ein Steiger.

mit 10,4 Litern und 2800 U/min angetrieben. Sein 10-Gang-Getriebe deckte einen Bereich von 3,9 bis 31 km/h ab.

Doch die Steiger-Traktoren wurden immer noch größer. So zum Beispiel der Panther ST310 von 1977. Er hatte einen 6-Zylinder-Cummins-Diesel mit 14 Litern, der später auf 14,6 Liter umgerüstet wurde und 270 PS bei 2100 U/min erreichte. 1976 wurde dieser Traktor abermals weiterentwickelt und hieß nun ST325. Er hatte 325 PS, 20 Vorwärts- und vier Rückwärtsgänge. Alle anderen Elemente wie das zweigliedrige Chassis oder der Allradantrieb blieben unverändert. Aber es war noch nicht der größte Traktor. Der Panther 3300 (Detroit-Diesel-V8) hatte 350 PS. Er konnte in einer Stunde 15 Hektar bearbeiten. Die Steigers gaben ihren Traktoren übrigens gerne Namen von Großkatzen, da die Assoziation mit Leistung und Kraft offensichtlich war; so gab es neben den Panthern auch noch Tiger, Pumas und Cougars (Name amerikanischer Pumas).

Einer der größten Steiger war der Tiger III ST450 von 1978. Er erreichte 357 PS an der Zugstange, das heißt, er konnte ein Gewicht von 9 072 kg ziehen, das war für die damalige Zeit sehr viel. Diese Kraft hatte der Traktor dank seines riesigen 6-Zylinder-Cummins-Turbodiesels mit einem Zylinderdurchmesser von 159 mm und einem Hubraum von 18,8 Litern. Er hatte bei Belastung einen Dieselverbrauch von 114 Litern pro Stunde. Diese Zahl ist jedoch irreführend. Wenn man berechnet, wie viel Arbeitsleistung der Traktor pro 4,5 Liter Dieselverbrauch in einer Stunde erbringt, ergeben sich 14,18 PS pro Stunde. Damit liegt er von allen Dieseln im mittleren Bereich, was die Effektivität der Supertraktoren beweist.

Steiger verkaufte seine Maschinen auch an andere große Hersteller wie zum Beispiel Ford. So war der Allis-Chalmers 440 nichts anderes als ein umbenannter Bearcat; zwischen 1972 und 1976 wurden 1000 Stück davon verkauft. Dann konnte Allis-Chalmers seinen eigenen allradbetriebenen Traktor präsentieren. Steiger baute auch den International Harvester 4366, der später durch den 4368er ersetzt wurde. Dieser hatte einen V8-Diesel von International.

M 948 / a
M 958 / a
M 968 / a
M 975 a

Steyr blieb bis 1996 unabhängig. Dann wurde das Unternehmen von Case übernommen.

Das Unternehmen hatte 1972 bereits Anteile von Steiger gekauft. Obwohl Steiger seine Traktoren anfangs mit Detroit-Dieselmotoren ausgestattet hatte, ging man später auch zu Cummins und Caterpillars über.

Der Einbruch im Traktormarkt in den 80er-Jahren traf kleine unabhängige Hersteller wie Steiger sehr, zumal die teuren Traktoren mit Allradantrieb besonders betroffen waren. Die Rettung kam 1986, als Case-International Steiger übernahm. Der Case-IH 9250 aus den späten 80er-Jahren wurde von Steiger gebaut, wurde jedoch einfach als Case verkauft. Eine Veränderung kam in den 90er-Jahren mit der 9300er-Serie. Der Name Steiger kehrte bei einer ganzen Reihe von Traktoren von 240 PS bis 425 PS zurück (auch wenn die Farben Rot und Schwarz nach wie vor auf Case-International Harvester hindeuteten). Die Motoren wurden je nach Modell von Case oder Cummins gebaut, das Standard-12-Gang-Getriebe konnte durch ein 12-Gang-Lastschaltgetriebe oder ein 24-Gang-Synchrongetriebe ersetzt werden. Aber der ultimative 9300er für das 21ste Jahrhundert war der neue Quadtrac. Es war nach wie vor ein Knicklenker mit zweigeteiltem Chassis, aber anstatt der Reifen hatte er vier Gummiketten. Und der Name auf dem Kühlergrill? Steiger.

STEYR

Der führende österreichische Traktorenhersteller Steyr produzierte ursprünglich Schusswaffen (daher stammt auch das Logo, das eine Zielscheibe darstellt) und danach Fahrräder. 1920 baute Steyr dann Autos und Excelsior-Motorpflüge, für die man eine Lizenz von Laurin & Klement aus der Tschechoslowakei hatte. Später kamen Lkws dazu und 1928 der erste Steyr-Traktor.

Bis 1947 wurden keine großen Stückzahlen hergestellt, aber dann begann eine wahre Massenproduktion (bis 1965 wurden 160 000 Traktoren gebaut). Vor dem Zweiten Weltkrieg hatten sich die Steyr-Traktoren stark am Fordson orientiert. Die neue Generation dagegen hatte 1- oder 2-Zylinder-Motoren. Typisch war der 180a von 1955 mit 30 PS, aber auch kleinere Traktoren wie der 188er mit zwei Zylindern und 28 PS aus dem Jahr 1964 wurden angeboten.

In den 60er-Jahren verwendete man Multi-Zylinder-Dieselmotoren von Perkins und MWM. Der 760a von 1974 hatte vier Zylinder und ein eckigeres Aussehen. Steyr konnte den allgemeinen Einbruch der Verkaufszahlen in den 80er-Jahren überbrücken und kündigte 1996 die 9000er-Serie an, einen modernen Traktor mit schräg abfallender Schnauze und 100 bis 150 PS. Alle vier Modelle hatten Turbo-Diesel, die von Steyr entwickelt worden waren, aber von Valmet in Finnland für sie hergestellt wurden. Der 9105er hatte vier Zylinder, der 9115er, 9125er und 9145er jeweils sechs Zylinder. Sie alle waren mit einem 24-Gang-Lastschaltgetriebe ausgestattet. Der Wendekreis betrug 50 Grad und die hydraulische Pumpe konnte ein Gewicht von 9000 kg stemmen.

Im gleichen Jahr wurde Steyr von Case-International Harvester (bzw. der Muttergesellschaft Tenneco) übernommen. Bereits im April desselben Jahres kündigte man an, dass Steyr die neue Case-C-Serie bauen würde und dass man die 3200er-/3400er-Kompakttraktoren gemeinsam entwickeln wolle. Es war ein ereignisreiches Jahr für Steyr, denn im Oktober wurde in der Presse berichtet, dass der koreanische Gigant Daewoo 65 Prozent der Anteile der österreichischen Traktor- und Schusswaffenproduktion kaufen wolle. Allerdings gehörten die Steyr-Traktoren im Jahr 2002 neben Case immer noch zu CNH Global.

Der Steyr 8080 mit Bio-Diesel: Der Brennstoff wird aus Rapsöl gewonnen und findet in Österreich breite Verwendung.

Der Universal 600: gebaut in Rumänien, fertig gestellt in den USA.

UNIVERSAL

Universal-Traktoren wurden von der Long Manufacturing Company in Tarboro, North Carolina, verkauft. Allerdings wurden sie fast komplett von Uzina Tractorul Brasov (UTB) im rumänischen Brasov hergestellt. Dann wurden sie in die USA geschifft und dort von der Long Manufacturing Company, die einige amerikanische Elemente hinzufügte, fertig gestellt. Man wollte billige Traktoren mit amerikanischem Glanz vermarkten. Die Idee funktionierte recht gut. Die Long/Universals wurden von den 60er-Jahren bis in die 90er-Jahre in den USA verkauft.

Long hatte bereits 1949 einen eigenen Traktor, das Modell A, gebaut. Es hatte einen 1,8-Liter-Continental-Motor mit 20,6/30,3 PS und sah modern aus. 1972 importierte Long zusätzlich zu den rumänischen Traktoren einen Landini aus Italien, der als Long R9500 angeboten wurde. Doch die meisten Traktoren stammten aus Rumänien. So zum Beispiel der U350, U445 und der U550. Letzterer wurde von einem 4-Zylinder-UTB-Diesel mit 3,1 Litern angetrieben, hatte 46,7/53,6 PS und ein 8-Gang-Getriebe.

1981 bot man drei Traktoren dieser Serie an: den 3-Zylinder-510 (ohne Turbo), den 530er (mit Turbo) sowie den 4-Zylinder-610. Leider überstand Long die schwierigen 80er-Jahre nicht und musste 1985 Konkurs anmelden. Zwei Jahre später meldete sich das Unternehmen zurück, da es neue Kapitalspritzen erhalten hatte.

1990 wurden vier Traktoren (der 360er, 460er, 510er und 610er) umgerüstet und als 2360er (35 PS an der Zapfwelle), 2460er (42 PS), 2510er (49 PS) und 2610er (64 PS) angeboten. Ein kleinerer 2260er mit 24 PS kam 1994 dazu. Traktoren mit dem Namen Long waren im Jahr 2002 nach wie vor erhältlich.

Ein mittelgroßer Traktor von Universal, der 533 DT mit drei Zylindern. Er war aus dem 530er Turbo von 1981 hervorgegangen. Daneben gab es noch den 510 ohne Turbo und den 4-Zylinder-610.

Der 33er war Valmets erster Dieseltraktor. Er hatte einen vom Unternehmen selbst produzierten 3-Zylinder-Motor mit Direkteinspritzung.

begann Anfang der 60er-Jahre mit dem 2-Zylinder-C325. Er hatte einen 1,8-Liter-Dieselmotor und 22/25 PS bei 2 000 U/min. Dazu kam der 4-Zylinder-C350 mit 43 PS an der Zapfwelle.

In den 70er-Jahren begann eine neue Ära für Ursus. Man einigte sich mit Massey-Ferguson darauf, dass das polnische Unternehmen eine Reihe von Traktoren bauen sollte, die auf MF-Maschinen basierten und zwischen 38 und 72 PS hatten. Dies war die dritte Partnerschaft von Ursus und sie lief offensichtlich erfolgreich, da das Unternehmen im Jahr 2002 immer noch eine Reihe von Traktoren mit Massey-Ferguson-Anklängen im Programm hatte. In Nordamerika bot man eine Palette von Traktoren an, die vom 2812er, einem 38-PS-3-Zylinder, bis zum 4824er, einem Perkinsdiesel mit 65 PS, reichte. Aber die Welt veränderte sich, und nach dem Zusammenbruch des Ostblocks wurde Ursus 1998 privatisiert. Es hieß, dass AGCO das Unternehmen eventuell kaufen wolle, aber zu der Zeit, als dieses Buch geschrieben wurde, war Ursus immer noch unabhängig.

VALMET

Valmet ist das beste Beispiel dafür, wie sich Schwerter in Pflugscharen verwandeln lassen. Während des Zweiten Weltkriegs baute das finnische Unternehmen militärisches Gerät, aber das technische Know-How ließ sich auch gut für Traktoren und andere Produkte einsetzen. (Bei den frühen Valmet-Prototypen wurden Kupplung und Getriebe mit einem Kanonenzylinder verbunden!) Der erste 12 PS starke Prototyp war 1949 fertig, aber der Valmet 15 ging erst drei Jahre später in Produktion.

Es war ein perfekter Zeitpunkt, um einen kleinen Traktor in Finnland zu verkaufen, wo Zehntausende von Evakuierten und ehemaligen Soldaten begonnen hatten, kleine landwirtschaftliche Betriebe zu bewirtschaften. Der 15er hatte – im Gegensatz zu den sonst in Europa beliebten 1-Zylinder-Dieseln – einen 4-Zylinder-Kerosin-Motor, der mit Benzin angelassen wurde. Er war einfach, leicht und beweglich, und er verbrauchte nur drei Liter Kerosin pro Stunde.

Doch mit der Zeit sah der Valmet im Vergleich zu den größeren Fergusons und Fordsons ziemlich mickrig aus. Daher kam 1955 eine 19,5-PS-Version auf den Markt und kurz darauf bereits der Valmet 33, ein 3-Zylinder-2,7-Liter-Diesel mit Direkteinspritzung und 37 PS bei 2 000 U/min. Passend zum modernen Motor hatte der Valmet von 1957 ein 6-Gang-Getriebe sowie einen hydraulischen 1 350-kg-Kraftheber (allerdings noch keine Dreipunktkupplung) und er erreichte auf der Straße 29 km/h.

Im weltweiten Vergleich war Valmet nach wie vor ein kleiner Hersteller: Nur 1 537 33D-Traktoren wurden innerhalb von zwei Jahren gebaut, aber das Unternehmen wuchs beständig. 1961 kam der neue 42 PS starke 361D heraus. Wie der 33D konnte auch er bis zu einer Temperatur von minus 25 Grad Celsius kalt gestartet werden (was

Der 53er war ein weiterer früher kerosinbetriebener Valmet. Bei seinen ersten Traktoren legte das Unternehmen mehr Wert auf Sparsamkeit und Zuverlässigkeit als auf eine ausgefeilte Technik.

in Finnland im Winter sehr wichtig war). Mitte der 60er-Jahre waren fast 15 000 361Ds gebaut worden. Valmet hatte mittlerweile ein Werk in Brasilien aufgebaut, zudem stellte ein portugiesisches Unternehmen den 361D in Lizenz her. Eine interessante Variante des 361D war der 363D, der für jeden Untergrund geeignet war. Es war ein Knicklenker mit zweigliedrigem Chassis und Allradantrieb. Im Grunde war es ein Miniatur-Steiger. Mit seiner großen Bodenfreiheit und starken Zugkraft war er prädestiniert für die Waldarbeit, und davon gab es in Finnland zur Genüge. Daneben brachte Valmet seinen bis dahin größten Traktor, den 864er, heraus. Er hatte einen neuen 4-Zylinder-Diesel mit 77 PS und einem 8-Gang-Getriebe. Der 361D hatte mittlerweile 52 PS und ein Synchrongetriebe. „Fahren Sie Ihren Traktor wie Ihr Auto", lautete ein Werbeslogan.

Der neue Valmet 900 aus dem Jahr 1967 war einer der ersten Traktoren mit einer integrierten, gummigefederten Kabine, die schall- und vibrationsgedämmt war. Außerdem war sie beheizt und hatte ein eigenes Belüftungssystem. Das Instrumentenboard sowie die Bedienelemente waren praktisch

OBEN
Mit dem 361er von 1961 begann für Valmet eine neue Ära.

RECHTS
Der Valmet Synchro hatte eine Doppelkupplung – eine für den Antrieb und eine für die Zapfwelle. So konnte die Zapfwelle unabhängig betrieben werden. Eine weitere Innovation: das hydrostatische Kriechganggetriebe für Geschwindigkeiten unter drei km/h.

gestaltet und die hydrostatische Lenkung war bizepsfreundlich. Der 900er war mit seinen 89 PS, dem 4,2-Liter-Diesel, dem 8-Gang-Getriebe und der starken Hydraulik eine konsequente Weiterentwicklung des 864ers. Er war so erfolgreich, dass bald der kleinere 54 PS starke 500er auf den Markt kam, der den 565er ersetzte. Die Lücke zwischen diesen beiden wurde 1968 durch den 700er (75 PS) gefüllt.

Die Nachfrage nach leistungsstärkeren Traktoren stieg beständig, so dass Valmet den 4-Zylinder-Motor des 900ers mit einem Turbo ausstattete. So erhielt man 102 PS. Im gleichen Jahr konnte man den 900er sowie den neuen 1100er wahlweise mit Allradantrieb bekommen.

1971 kam der 502er mit einer neuen Kabine heraus, die zu den leisesten auf dem Markt gehörte. Der ebene Boden und die

Beim sechsrädrigen 1502er sollte der Druck auf den Boden verringert werden, trotz hoher Geschwindigkeiten. Er wurde in der Torfindustrie eingesetzt.

RECHTS, UNTEN UND RECHTE SEITE
Die ausgefeilte Valtra-T-Serie kam gleich nach der S-Serie. Valtra gehörte nun zum finnischen Konzern Partek, und somit schien die Zukunft des Unternehmens gesichert.

im Beauvais-Werk in Frankreich bauen. Die neuen Mega 8300er und 8600er wurden 1989 vorgestellt. Sie setzten sich aus verschiedenen Komponenten zusammen: Der Motor stammte von Valmet, die Hydraulik von Massey-Ferguson, die Kabine sowie die Vorderachse kamen aus Italien. Zusammengebaut wurden die Teile in Beauvais. Mit ihrem 6-Zylinder-Diesel mit 140 PS (ohne Turbo) und 170 PS (mit Turbo) waren dies somit die bisher stärksten finnischen Traktoren.

Bald darauf tat Valmet sich mit Steyr zusammen, um eine neue Serie zu bauen, die ein Leistungsspektrum von 90 bis 140 PS abdecken sollte. Allerdings endete die Zusammenarbeit, noch bevor der erste Traktor auf dem Markt war, da Steyrs Bank etwas dagegen hatte. Trotzdem gelang es Valmet, den Motor der neuen 20er-Serie 1990 herauszubringen. Er wurde im Mega 8100 (120 PS) eingesetzt. Im darauf folgenden Jahr bewies die neue Mezzo-Serie mit 79 bis 105 PS, dass die Zusammenarbeit mit Steyr nicht umsonst gewesen war.

Trotz dieser Markteinführung lief es nicht gut für Valmet. Der Traktormarkt in Brasilien und Skandinavien brach zusammen, so dass das Unternehmen neu strukturiert werden musste und Hunderte von Menschen arbeitslos wurden. Nun baute man nur noch Traktoren auf Bestellung, was dazu führte, dass man sie in verschiedenen Farben anbieten konnte, ein Novum in der Traktorindustrie.

In den 90er-Jahren entspannte sich die Situation allmählich. 1993 kamen der Mega 8400, der 6600er sowie der 8100er auf den Markt. Valmet war immer ein staatliches Unternehmen gewesen, aber 1994 wurde es bei Sisu eingegliedert, einem anderen staatlichen Unternehmen Finnlands, das Lkws und gepanzerte Fahrzeuge herstellte.

1995 ersetzte der neue Mega 50 (mit 110 PS beim 8050er und 125 PS beim 8150er) den 8100er.

Neu waren auch der 8450er (mit der gleichen Kraft wie beim 8400er, aber einem größeren Drehmoment) sowie der 8550er mit 160 PS. Zudem wurde der 8750 Sigma Power angeboten, den lediglich eine aus-

gefeiltere Zapfwelle vom 8550er unterschied. Sigmas Einfluss machte sich hier bemerkbar, so dass leichtere Traktoren mehr PS an der Zapfwelle bekamen.

1997 kam Valmet zum ersten Mal in private Hände, als Sisu an das finnische Unternehmen Partek verkauft wurde. Dabei vereinbarte man, dass der Name Valmet nur bis zum Mai 2001 für Traktoren verwendet werden sollte. Die ersten Traktoren, die den Namen Valtra bekamen, waren die City– und Forest-Maschinen, die auf dem Mezzo-Traktor aufbauten und in 95-, 105– und 115-PS-Versionen angeboten wurden. Konventioneller war die neue 100er-Serie von 1997. Sie hatte 60 bis 90 PS (der 600er hatte 60 PS, der 700er 70 usw.). Kleiner und einfacher war die in Italien gebaute 3000er-Reihe, die ein Spektrum von 52 bis 76 PS abdeckte und einen luftgekühlten Deutzmotor hatte. 1998 ersetzte die Hightech-Serie von 90 bis 200 PS die treuen Megas. Sie hatte ein elektronisch gesteuertes Getriebe und eine pneumatische Federung der Vorderachse.

Valtra sieht dem 21. Jahrhundert nun zuversichtlich entgegen, nachdem man 750 000 Traktoren gebaut hat – was für einen Kanonenbauer nicht schlecht ist!

VERSATILE

Versatile war der kanadische Steiger. Er stellte riesige Supertraktoren mit Allradantrieb und zweigliedrigem Chassis her. Das Unternehmen ging aus der 1947 gegründeten Hydraulic Engineering Company aus Toronto hervor, die landwirtschaftliche Geräte produzierte. 1950 zog sie in eine neue Fabrik nach Winnipeg um, wo ein halbes Jahrhundert lang Traktoren gebaut werden sollten. 1966 brachte das Unternehmen, das mittlerweile Versatile hieß, seinen ersten Supertraktor mit einem 6-Zylinder-Ford-Dieselmotor und 125 PS auf den Markt. Doch man baute nur 100 Stück des D100, bevor man ihn durch den D145 ersetzte. Die Versatile-Traktoren mit Allradantrieb wurden im Laufe der Zeit immer größer, und so kam 1976 die Serie 2 auf den Markt. Sie bestand aus dem 700er, 800er, 850er und dem 900er. Im gleichen Jahr kam noch der A750 mit einem 14-Liter-6-Zylinder-Cumminsmotor, 220 PS und einem 12-Gang-Getriebe dazu.

1977 übernahm Cornat Industries einen großen Teil der Anteile von Versatile, so dass die finanziellen Probleme, die aus der schwierigen wirtschaftlichen Situation Mitte der 70er-Jahre resultierten, zunächst gelöst waren.

Im gleichen Jahr gab es mehrere Veränderungen bei den großen Traktoren, zu denen nun auch der 500er gehörte. Er hatte einen Allradantrieb mit verstellbarer Spurweite sowie einen Cummins-V8-Motor mit 192 PS an der Kurbelwelle. Zudem bot Versatile den 250 PS starken 825er und den neuen 950er an, der ebenfalls einen Cummins-V8-Motor hatte, allerdings mit 348 PS an der Kurbelwelle.

Aber die größte Neuerung war der kleine 150 Push-Pull mit nur 60 PS an der Zapfwelle. Es war einer der ersten Wendetraktoren, die man in beide Richtungen fahren konnte (der Fahrersitz ließ sich um 180 Grad drehen). Wenn er im Zugmodus arbeitete, funktionierte er wie ein konventioneller Traktor. Wenn er schob, drehte der Fahrer seinen Sitz, so dass der Motor sich hinter ihm befand und er eine gute Sicht auf die landwirtschaftlichen Geräte hatte. Der 150er war ein Knicklenker mit zweigliedrigem Chassis, so dass er extrem wendig war. Da man schnell die Fahrtrichtung wechseln können musste, hatte er ein hydrostatisches Getriebe mit drei Bereichen für jede Richtung.

1977 wurden die Traktoren der Serie 2 durch den 835er (230 PS), 855er (250 PS), 875er (280 PS) und den 935er (330 PS) ersetzt.

Doch die größte Aufmerksamkeit galt wohl dem Big Roy. Dies war der Prototyp des größten Supertraktors, den Versatile je gebaut hatte. Er wurde der Öffentlichkeit 1977 vorgestellt. Alles am Big Roy hielt, was der Name versprach: Er hatte einen 8-Rad-Antrieb, vier Achsantriebe, 600 PS, einen 18,8-Liter-Cumminsmotor und ein Gewicht von 24 699 kg. Aber der Big Roy ging nie in die Produktion.

Da der kleine 150er gut lief, brachte man 1980 eine zweite Serie mit einer verbesserten Kabine heraus. Im gleichen Jahr kam

Ein schlafender Dinosaurier? Ein ausgeblichener, abgenutzter Versatile rostet unter blauem Himmel still vor sich hin. Es wäre interessant zu wissen, wie viele Hektar er in den letzten 20 Jahren bearbeitet hat.

eine stärkere Version des 500ers, der 555er, auf den Markt. Er hatte einen 220 PS starken Cumminsmotor sowie ein 15-Gang-Getriebe. Zudem wurde der neue 895er mit 330 PS angeboten.

1982 erschien ein noch größerer Versatile mit dem 18,8-Liter-Motor, der eigentlich für den Big Roy gedacht war. Mit Turbo und Ladeluftkühler brachte er es auf 470 PS. Im gleichen Jahr wurde der 150er umgerüstet und als 160er mit 70 PS an der Zapfwelle angeboten.

1983 rüstete man alle großen Versatiles als Serie 3 um. Dazu gehörten der 835er, 875er und der 895er. Sie waren mit dem neuesten Cummins-Big-Cam-III-Motor ausgestattet und hatten eine neue ergonomische Kabine mit sieben verstellbaren Sitzpositionen und einem siebenfach verstellbaren Lenkrad. Der 855er, 935er und 950er wurden durch den 945er (335 PS), 955er (350 PS) und den 975er (360 PS) ersetzt. 1984 wurde der 160er erneut aufgerüstet. Als 256er hatte er nun einen größeren CDC-4-Zylinder-Diesel mit 84 PS an der Zapfwelle. Im darauf folgenden Jahr gab es eine 276er-Version mit Turbo, Ladeluftkühler und 100 PS.

1985 brachte Versatile die Designation-6-Reihe heraus, zu der der 836er (210 PS) und der 976er (335 PS) gehörten. Aber das Unternehmen sah sich einer zunehmenden Konkurrenz von großen Herstellern konventioneller Traktoren gegenüber; sie boten Traktoren mit zuschaltbarem Vorderantrieb an, die billiger waren als Versatiles Maschinen mit Allradantrieb. Um hier mithalten zu können, brachte man den 756er heraus, der nach wie vor ein zweigliedriges Chassis und einen Cumminsmotor mit 168 PS an der Zapfwelle hatte. Um die Kosten niedrig zu halten, wurde er nur auf Bestellung gebaut.

Aber all das war nicht genug. Versatile kämpfte in einem schwachen Markt und die Muttergesellschaft hatte selbst finanzielle Probleme. Daher musste die Fabrik in Winnipeg 1986 übergangsweise geschlossen werden. Die Lösung kam im Februar des nächsten Jahres, als Ford-New Holland Versatile übernahm und dem Unternehmen eine Reihe von Supertraktoren lieferte. Bereits im Juli nahm die Fabrik in Winnipeg

RECHTE SEITE
Der Versatile 875, einer der vielen riesigen Supertraktoren der kanadischen Experten. Alle hatten einen Allradantrieb und ein zweigliedriges Chassis. Der 875er wurde von einem Cumminsmotor mit 280 PS angetrieben, aber im Vergleich zum Prototypen des Big Roy mit 600 PS war das wenig.

die Arbeit wieder auf. 1988 wurden der 756er, 836er und 856er durch den 846er ersetzt. Dieser hatte einen 10-Liter-Cumminsmotor und wahlweise eine verstellbare Spurweite. Im darauf folgenden Jahr kam der 946er mit 325 PS für den 936er auf den Markt. Er wurde zudem im Ford-New-Holland-Blau statt in den alten Versatile-Farben Rot und Gold geliefert, aber der Name Versatile blieb bestehen, wenn er auch mit sehr kleinen Buchstaben geschrieben wurde. Der in beide Richtungen fahrbare Wendetraktor kam nun als Ford Versatile 9030 in Ford-Farben und mit einem 4-Zylinder-Ford-Turbodiesel auf den Markt.

1994 kam es zu weiteren erheblichen Veränderungen, als der 846er, 876er, 946er sowie der 976er durch den 9280er (250 PS), 9480er (300 PS), 9680er (350 PS) und 9880er (400 PS) ersetzt wurden.

Das neue Quad-Sync-Synchrongetriebe hatte 12 Gänge, die beiden größten Traktoren waren wahlweise mit einem 12-Gang-Lastschaltgetriebe erhältlich.

Im gleichen Jahr kündigte man an, dass der Name Ford auslaufen würde. Das Unternehmen hieß nun nur noch New Holland. Und was war mit Versatile? Der Name galt als so renommiert, dass New Holland ihn weiterhin verwendete. Als 1998 der TV 140, ein ganz neuer Wendetraktor, auf den Markt kam, trug er den

Etwa zu dieser Zeit beschloss Volvo, nur noch bei Traktoren mit 80 oder mehr PS eigene Teile zu verwenden. Bei den kleineren wurden Komponenten von Perkins und International genutzt. Aus dem T500 wurde der 2200er (56 PS) bzw. der 2250er (68 PS). Die 800er-Serie wurde durch den 2650er und 2654er ersetzt.

1978 vereinbarte man mit dem finnischen Hersteller Valmet, gemeinsam einen neuen Traktor zu entwickeln, der den T650 und T700 ersetzen sollte. Aber nach ein paar Jahren zog Volvo sich ganz aus der Traktorenproduktion zurück und verkaufte seine Anteile 1985 an Valmet.

WHITE

Der Lkw-Hersteller White wurde auf dem Traktormarkt aktiv, indem er kleinere Hersteller übernahm. So kaufte er Oliver im Jahr 1960, Cockshutt 1962 und ein Jahr später Minneapolis-Moline. Diese und andere wurden in die White Farm Equipment Company integriert, die Traktorserien zunehmend aus Teilen verschiedener Hersteller zusammensetzte.

1974 ließ White die renommierten Namen ganz fallen und alle Traktoren erhielten den Namen White. Natürlich

Der White American 60 war ein mutiger Versuch, einen mittelgroßen Traktor in den USA zu bauen. Er war drei Jahre lang auf dem Markt.

Der Plainsman, ein Knicklenker mit zweigliedrigem Chassis und Allradantrieb, wurde in Kanada als White-Traktor und in den USA als Minneapolis-Moline oder Oliver verkauft.

wurden sie nach wie vor in den alten Fabriken produziert.

So war der neue White 4-150 Field Boss nicht so neu, wie es schien. Der Traktor hatte ein zweigliedriges Chassis, einen Cummins-V8-Diesel und je ein Oliver-Getriebe mit Zweiradantrieb an beiden Enden. Einer der Traktoren, die 1976 auf den Markt kamen, war der Reihenfruchttraktor 2-70. Dies war eigentlich ein umgerüsteter Oliver 1655. Und der 47 PS starke 2-50er sowie der 63 PS starke 2-60er waren importierte FIAT-Traktoren, die mit dem White-Silber umlackiert wurden. Dieser Austausch verschiedener Komponenten sowie der Traktorenimport waren typisch für White, und es war schwer zu sagen, ob es überhaupt einen „echten“ White-Traktor gab.

White gab die in den USA hergestellten 60er– und 80er-Traktoren auf und importierte stattdessen Lamborghinis wie diesen 6065er.

Die Verbindung zu FIAT hielt allerdings nicht lange, da man 1977 den 2-50er/2-60er durch eine Reihe von Traktoren von Iseki aus Japan ersetzte, die ein Spektrum von 28 bis 61 PS abdeckten. Nach 20 Jahren im Traktorgeschäft schien White das Interesse daran verloren zu haben und verkaufte den Konzern (White Farm Equipment) an eine Investmentgesellschaft. Der Name lebte allerdings weiter, da die kleineren Isekis sowie zwei größere Traktoren mit Allradantrieb (der 4-225er und der 4-270er) als Whites verkauft wurden.

Leider mussten die neuen Besitzer von White Farm Equipment 1985 Konkurs anmelden, doch ein neuer Investor tauchte auf und nannte das Unternehmen White-New Idea. Die in den USA produzierten Traktoren wurden nun stark verändert. Fünf Traktoren mit einem Leistungsspektrum von 94 bis 188 PS kamen auf den Markt. Sie alle hatten CDC-Dieselmotoren

Der White 6105 war der leistungsstärkste der neuen von Lamborghini gelieferten Serie; die größeren Traktoren wurden allerdings nach wie vor in den USA produziert.

(CDC war ein Gemeinschaftsunternehmen von Case und Cummins). Der 2-180er, der letzte Traktor mit Zweiradantrieb und einem V8-Motor, wurde 1987 durch den Field Boss 185 ersetzt, der nun einen 6-Zylinder-CDC-Motor mit 8,3 Litern und ein 6-Gang-Getriebe mit drei Bereichen hatte.

1988 kamen vier neue Traktoren auf den Markt, die alle in einer neu gebauten Fabrik in Coldwater, Ohio, produziert wurden. Der 100er hatte 94 PS an der Zapfwelle, der 120er hatte 118 PS, der 140er 137 PS und der 160er hatte 160 PS. Sie alle waren mit CDC-Motoren (mit 5,9 bzw. 8,3 Litern) ausgestattet.

Es sah so aus, als wolle White-New Idea sich in eine rein amerikanische Firma verwandeln. Die Isekis wurden 1989 durch die „amerikanischen" White-Traktoren ersetzt.

Der 60er (60 PS) und der 80er (80 PS) waren die kleinsten Traktoren, die man zu der Zeit in den USA herstellte. Sie hatten einen 4-Zylinder-CDC-Diesel mit oder ohne Turbo sowie ein 6-Gang-Getriebe (wahlweise mit 18 Gängen). Und um nostalgische Farmer anzusprechen, wurden sie im Oliver-Grün, Cockshutt-Rot, Minneapolis-Gold oder White-Silber angeboten.

Es war eine mutige Entscheidung, die aber nicht von Erfolg gekrönt war. Innerhalb von drei Jahren war die amerikanische Serie durch Lamborghini-Traktoren aus Italien ersetzt worden – durch den 6065er, 6085er und den 6105er (die letzten Ziffern geben die PS-Zahlen an).

1991 erhielten alle großen in den USA produzierten Traktoren zusätzliche PS (sie hatten bis zu 195 PS an der Zapfwelle) und wurden unter dem Namen Workhorse verkauft. Obwohl sie als neue Traktoren präsentiert wurden, waren sie eigentlich nur weiterentwickelte frühere Modelle. White baute zudem große Traktoren mit luftgekühlten Deutzmotoren für Deutz-Allis.

Aber Anfang der 90er-Jahre wurde White vom rasch wachsenden AGCO-Konzern übernommen. Die Verbindung mit Lamborghini blieb bestehen, und in den USA stellte man nur noch AGCO-Whites mit 120 PS oder mehr her. Seither wurden zunehmend Komponenten ausgetauscht

Nach der Übernahme durch AGCO rüstete White seine großen Traktoren allmählich auf. So zum Beispiel diesen 192 PS starken 6195er mit einem 18-Gang-Lastschaltgetriebe. Zudem übernahm man AGCO-Komponenten sowie komplette Traktoren.

Dieser Zetor 43-41 war hochmodern.

und Schwesterserien produziert. So stammten im Jahr 1997 beispielsweise sechs Whites von 70 bis 145 PS aus Massey-Ferguson-Werken in Europa (Massey-Ferguson gehörte mittlerweile auch zu AGCO). Aber die vier größten Whites wurden immer noch in den USA gebaut: der 8510er mit 160 PS, der 8610er mit 180 PS, der 8710er mit 200 PS sowie der 8810er mit 225 PS. Alle hatten ein 18-Gang-Lastschaltgetriebe.

Im Jahr 2002 sah es so aus, als sei die Zukunft von White gesichert, obwohl es nur einer von 17 Firmennamen war, die zu AGCO gehörten. Innerhalb des Konzerns bot White unter seinem Namen Traktoren von 23 bis 225 PS an.

ZETOR

Bereits vor dem Zweiten Weltkrieg hatte man in der Tschechoslowakei viel technisches Know-How gesammelt, was unter anderem den Zetors zugute kam. Es sind einfache, gut gemachte und preiswerte Traktoren. Mit Sicherheit sind sie anderen vergleichbaren Traktoren wie etwa dem Ursus technisch überlegen. Daher haben die Zetors in Westeuropa – ganz im Gegensatz zur tschechischen Automarke Skoda – einen guten Ruf.

Wie Valmet in Finnland begann auch Zetor damit, militärisches Gerät herzustellen. Die Fabrikleitung war weitsichtig genug, um zu erkennen, dass der Krieg bald zu Ende sein würde, und begann einen Traktor-Prototypen zu entwickeln, den das Werk herstellen sollte, sobald Frieden herrschte. Kurz nach Kriegsende war der Prototyp fertig und die richtige Produktion begann 1946. Der Zetor 25A war für seine Zeit ein recht fortschrittlicher kleiner Traktor. Er hatte ein 6-Gang-Getriebe, als vier die Norm waren, und einen 2-Zylinder-Dieselmotor. Er war so erfolgreich, dass der zweite Zetor einen 30 PS starken 4-Zylinder-Motor mit einer sehr effizienten Verbrennung hatte, der wie sein 25-PS-Zwilling vom Unternehmen selbst entwickelt worden war. Einmal mehr bewies Zetor hier sein fortschrittliches Denken.

Anfang der 60er-Jahre wurde eine Serie vorgestellt, deren 2-, 3– und 4-Zylinder-Diesel die gleichen Komponenten hatten. Sie waren unter anderem mit einem hydraulischen Zetormatic-Kraftheber und einem 10-Gang-Getriebe ausgerüstet. Die Tschechen

Zetor-Traktoren hatten den Ruf, einfach und robust zu sein. Und das mit Recht. Dies ist ein 3545er aus dem Jahr 1960.

stellten überdies schon früh ruhige und effektive Sicherheitskabinen her. Ihre Traktoren waren vielleicht billiger als die der westlichen Konkurrenz, aber sie waren in keinster Weise veraltet. Der 12011er, ein 6-Zylinder-Turbo-Zetor, sollte bald folgen.

Da Zetor den Ruf hatte, moderne Technik zu günstigen Preisen anzubieten, konnte man viele Traktoren nach Westeuropa und in die USA exportieren.

Der Zetormatic 5511 etwa hatte einen 3,1-Liter-4-Zylinder-Diesel mit 44 PS an der Zugstange und 51 PS an der Zapfwelle. Das 10-Gang-Getriebe deckte einen Bereich von 1,2 bis 27 km/h ab.

In den 50er- und 60er-Jahren wurden mehrere Lizenzverträge unterschrieben, damit der Zetor auch außerhalb der Tschechoslowakei gebaut werden konnte, unter anderem in Indien und dem Irak.

In den 70er-Jahren florierte das Unternehmen weiter, sah aber nach dem Zusammenbruch des Ostblocks im Jahr 1990 einer ungewissen Zukunft entgegen. Allerdings traf Zetor eine Vereinbarung mit John Deere, für dieses Unternehmen einige technisch nicht allzu ausgefeilte Traktoren zu bauen, die nach Asien und Afrika exportiert werden sollten. Im Jahr 2002 konnte Zetor darauf zurückblicken, in den 50 Jahren im Traktorgeschäft über eine Million Traktoren mit einer Bandbreite von 43 bis 110 PS und 3- oder 4-Zylinder-Dieseln gebaut zu haben. Und darüber hinaus Kompaktautos mit 30 bis 48 PS, die unter dem Markennamen Century verkauft wurden.

Der Zetor 7540 bei der Arbeit auf einer Farm im englischen Cornwall.